KB173192

과학을 시(詩)로 말하다

빛의 양자 이야기: 광자의 탄생, 소멸 그리고 부활

과학을 시(詩)로 말하다

빛의 양자 이야기: 광자의 탄생, 소멸 그리고 부활

차례

여는 글

지금 지구를 지배하고 있는 주인공들은 과연 누구일까?

아마도 사람들은 과거 한때 공룡들이 지구를 지배했으나, 지금은 사람들이 지구를 지배하고 있다고 생각할 것이다. 그러나 그것은 착각이다. 지금 지구를 지배하고 있는 무리들은 몸집이 거대한 공룡도 아니고 사람도 아니다. 그들은 다름 아닌 이 글에서 '작은 공룡'이라고 불리는 '전자' 무리들이다. 이 '작은 공룡'들은 우리의 삶 속에 이미 깊숙이 침투해 있다. 스마트폰이나 TV, 인터넷, 컴퓨터 등은 그들 없이는 빈껍데기 허수아비일 뿐이다. 수많은 전자기기를 우리가 발명해 냈음에도 불구하고 그 속에서 그것들을 움직이게 하는 것은 '작은 공룡'들이다.

오늘날은 컴퓨터, 인터넷, 휴대폰, 텔레비전이 없이는 하루도 견디기 어려운 세상이 되었다. 우리들의 상식으로는 이해가 안 될 수도 있지만 좀 더 엉뚱한 상상을 해 보자. '작은 공룡'이라고 불리는 '전자'들이 갑자기 파업한다면 어떤 일이 벌어질까? 갑자기 승강기 문이 안 열리고, 화재 경보가 남발되고, 핵

버튼이 오작동하고, 자동차가 가다가 멈추거나, 비행기가 추락하고……. 생각만 해도 끔찍하고 아찔한 일이다. 이처럼 전자들이 갑자기 사라지거나 반응하지 않고 정지해 버린다면 컴퓨터는 동작하지 않을 것이고, 인터넷이나 휴대폰 통신은 두절되어 정보의 암흑 상태가 될 것이다. 그리고 지하철이나 자동차, 비행기와 같은 운송 수단도 멈춰버리고 예전처럼 소나 말이 도로를 누비게 될지도 모른다.

이렇게 무서운 '전자'들인데도 우리가 그들의 지배를 받고 있지 않다고 말할 수 있겠는가? 우리 주변을 한번 둘러보자. 지구상에 전자기기가 없는 곳은 없다. 틀림없이 지금은 작은 공룡들, 즉 '전자'들이 지구를 지배하는 세상이다.

'전자'와 함께 현재 지구를 지배하고 있는 주인공들이 또 있다. 그들은 여기서 '어린 천사'라고 불리는 빛알갱이, 즉 '광자'들이다. 이들 '광자'들은 앞에서 언급한 기기들을 포함하여 LED, 디스플레이, 태양전지 등과 같이 우리 주변에 있는 거의 모든 기기들 속에서 '슈퍼스타'로 활약하고 있다. 어떤 '광자'는 광케이블을 통해서 정보를 나르는 우편배달부로 활약하는가 하면, 또 어떤 '광자'는 태양광으로부터 전력을 생산하는 데 관여한다. '광자'들 중에서 더러는 실내외 조명등을 밝히는 '요정'들도 있고, 도로의 신호등에서 교통을 통제하는 '교통순경'들도 있다. 그 밖에도 동식물 속에 기거하면서 때가 되면 발광하는 녀석들도 있고, 별의 성분을 분석하거나 중력파를 관측하는데 관여하는 '측량자'들도 있다. 이처럼 '광자'들도 '전자'들처럼 다양한 일터에서 일하고 있다. 머지않아 지구는 구석구석 완전히 이들에게 점령당하게 될 것이다. 어쩌면 이미 그렇게 되었는지도 모른다. 이 책에서는 주로 광자들이 어떻게 태어나 소멸하고 부활하는지, 그리고 무엇보다도 그들이 지금 어떻게 활동하며 일하고 있는지 살펴보도록 하겠다.

그럼 '어린 천사', 즉 '광자'들은 20세기 후반에 어떻게 갑자기 슈퍼스타로 등장하게 되었을까? 또 그 계기는 무엇일까? 사실상 그들의 등장을 20세기 초에 예견한 이들이 있었다. 그들은 바로 막스 플랑크(Max Planck)와 알베르트 아인슈타인(Albert Einstein)이다. 본문에서 자세히 설명하겠지만, 플랑크는 흑체복사 이론을 설명하기 위해 양자의 개념을 처음 도입한 독일 물리학자이다. 또 아인슈타인은 그 아이디어로부터 '광양자설'을 주장한 과학자이다. 이렇게 20세기 초에 이미 광자(photon) 또는 '빛의 양자(광양자)'라는 개념이 등장하였으나 '광자'가 슈퍼스타가 되기까지는 상당한 시간이 걸렸다. 왜 그랬을까?

그것은 그들이 효율적으로 일할 수 있는 환경이 마련되기까지 상당한 시간과 노력이 필요했기 때문이다. 한마디로 '반도체'가 나오기까지 기다려야 했던 것이다. 반도체는 20세기 중반에 세상에 처음 나와 다이오드, 트랜지스터 그리고 IC(집적회로)의 재질로 지금까지 유용하게 쓰이고 있다. 전자기기가 잘 동작하고 있다는 것은 반도체 안에서 '전자'와 '광자'들이 일을 제대로 수행하고 있다는 의미이다. 반도체는 그들 광자들과 전자들에게 놀기 좋은 놀이터이며, 최적화된 일터로 손색이 없다. 다시 말해서 반도체 때문에 '광자'가 슈퍼스타가 될 수 있었던 것이다.

그리고 나중에 본문에서 자세히 설명하겠지만 '작은 공룡'도 두 종류의 무리가 있다. 하나는 음의 전기(음전하)를 띠고 있는 '전자'이고, 다른 하나는 양의 전기(양전하)를 띤 '정공'이다. 이들은 특별히 반도체에서 왕성하게 활동하는데, 이곳은 '전자'와 '정공'이 만나서 '어린 천사', 즉 '광자'를 생산하기 좋은 장소이다. 그뿐만 아니라 반도체는 '광자'들이 들어와서 전자와 정공, 즉 '작은 공룡'들을 부화하기 좋은 장소이기도 하다.

여기까지 읽은 독자들이라면 누구나 공상과학 소설을 읽고 있는 것은 아닌지 혼란스러워할지 모른다. 충분히 그렇게 생각할 수 있다. 그것은 이 책이 '전자'나 '정공'을 '작은 공룡'이라고 부르고, '광자'라는 입자를 '어린 천사'라고 칭하면서 그들에게 인격을 부여하고 있기 때문일 것이다. 그러나 조금만 기다리면 안개가 걷히고 그들의 세계가 눈앞에 환하게 펼쳐질 것이다.

앞에서 언급한 두 무리의 '작은 공룡'들은 암컷과 수컷을 말하는데, 여기서 음전하를 띤 전자가 수컷이고 양전하를 띤 정공이 암컷에 해당한다. 이들 전자와 정공이 서로 만나 사랑하고 짝짓기를 하면 그 순간 정공은 사라지고 그곳에서 광자가 하나 나온다. 이처럼 반도체는 전자와 정공이 만나서 사랑하기 가장 좋은 장소이기도 하다. 수컷인 '전자'와 암컷인 '정공'이 만나서 '광자'를 낳기 좋은 구조물 중에는 반도체 레이저, LED(발광다이오드), 디스플레이 등이 있다. 그뿐만 아니라 어떤 반도체에는 '광자'가 입사하여 그 안에 '작은 공룡'인 전자와 정공을 부화시켜 놓는다. 이에 해당되는 반도체에는 태양전지와 수광소자가 있다. 이들 반도체 태양전지와 수광소자는, '광자'에 의해서 부화된 전자들이, 전력을 생산하거나 인터넷 정보들을 모으기 좋은 곳이다.

자! 지금부터 최소한의 과학적인 상식과 상상력을 데리고, 광자들이 일하는 일터로 직접 여행을 떠나 보자. 우리는 그곳에서 광자들을 만나고, 그들이 어떻게 일하는지를 알게 될 것이다. 심심치 않게 발정 난 전자들인 '작은 공룡'들도 '나노 평원'에서 만나게 될 것이다. 또한 우주가 얼마나 팽창하는지 그리고 중력파의 크기가 얼마나 되는지를 직접 측정하기 위해서 우주공간 속에서 동분서주하는 광자들의 모습도 보게 될 것이다.

이 책은 과학에 대한 사전 지식이 없는 사람들도 이해할 수 있도록 쉽고 재미있게 다루고자 노력하였다. 또한 광자와 함께 여행하는 동안 곳곳에서 만나게 될 과학을 좀 더 깊게 이해하기를 원하는 독자들을 위해서 주석도 추가했다. 마지막으로 광자 이야기가 지루하지 않도록 곳곳에 시(詩)가 배치되어 있으니 끝까지 여행하기를 권한다.

Eg
Ec v
ATOM
ENERGY BAND
슈퍼컴
1억대

01

반도체 시대

호모사피엔스, 그들은 왜 특별한 존재일까?

무엇이 그들로 하여금 지금까지 지구상에 살아남게 하였을까? 무엇보다도 호모사피엔스는 도구를 만들고 그것을 사용할 줄을 알았다. 생활 주변에 널려있던 돌들을 다듬어 사냥 도구로 이용했고, 무기를 만들어서 외부 적들에게 대항했다. 돌로 도구를 만든 자들이 '석기 시대'에서 살아남았듯이, '청동기 시대'는 청동검과 같은 청동기를 만들어 사용하는 집단이 지배계급이 되었고 초기 국가의 형태를 갖출 정도로 강성하게 되었다.

기원전 12세기 전부터는 청동기보다 단단한 철로 만든 도구와 무기들이 그리스와 고대 중동 지역을 중심으로 등장하기 시작했다. 그리고 그 뒤로 유럽과 아시아 등 전 세계로 '철기 시대' 문화가 퍼져나가게 되었다. 그 당시 유행했던 제련 기술은 나라마다 철강 산업을 발전시켰고, 운송 수단과 군수 산업의 발전으로 이어져 강력한 국가를 건설하는 원동력이 되었다. 이렇게 인류는 '도구의 재질'이 석기에서 청동기로, 청동기에서 철기로 바뀔 때마다 크게 발전하였다.

오늘날은 이전 시대와는 비교할 수 없을 정도로 엄청나게 발전하였다. 무엇이 이 시대를 이렇게 폭풍 성장하게 만들었을까? 어떤 '재질'이 성장엔진이 되었을까?

폭풍 성장의 일등공신은 그 무엇보다도 반도체라고 할 수 있다. 반도체가 주인공으로 등장하기에 앞서, 먼저 세상에 나온 것은 '진공관'이었다. 20세기 초에 처음 등장한 진공관[1]은 새로운 전자시대의 도래를 예고하기에 충분하였다. 진공관 소자는, 진공관 내부의 음극으로부터 전자들이 튀어나오는 것을 외부에서 조절할 수 있기 때문에, 20세기 중반까지 라디오, TV, 무선 송수신기, 레이더 등 모든 전자 제품에 이용되었다. 그러나 진공관 소자의 경우 전력소모가 많고, 부피가 커서 진공관 소자를 대체할 다른 소자들이 필요했다. 특히 세계 최초의 전자식 컴퓨터로 알려졌던 에니악(ENIAC)은 진공관 18,000여개로 1946년에 제작되었는데, 무게가 무려 30톤이었고 소비전력은 150KW나 되었다.

이러한 진공관 소자들을 대체하기에 충분할 정도로 성능이 우수하고 소형인 '반도체 소자'는, 이듬해인 1947년에 미국 물리학자 윌리엄 쇼클리(William Shockley), 존 바딘(John Bardeen), 월터

브래튼(Walter Brattain)에 의해서 개발되어, 세상에 혜성처럼 나타난 '반도체 트랜지스터'였다. 이렇게 등장한 반도체 트랜지스터는 전자산업 분야에서 '슈퍼스타'로 빠르게 성장하면서 '반도체 시대'를 이끌었다.

반도체 중에서 맏형 격인 게르마늄(Ge)은 '반도체 시대' 초기에 쓰였으나, 특성이 우수하고 공정이 더 쉬운 실리콘(Si)이 나온 이후로는, 게르마늄 대신 실리콘이 대부분의 트랜지스터와 집적회로(IC)[2] 소자에 이용되었다. 이렇게 실리콘은 고성능 컴퓨터용 메모리 반도체와 비메모리 반도체의 주역이 되었고, 이와 다른 종류의 반도체인 화합물 반도체는 고주파 전자소자 및 광통신용 광소자 분야에서 효자 노릇을 해왔다. 그밖에도 다양한 반도체들이 스마트폰[3], 컴퓨터, TV, LED 조명등, 태양전지, 자동차 전자장치 등과 같은 수많은 전자기기에 사용되어 왔다.

더욱이 앞으로는 거의 모든 사물에 손톱 크기의 고성능 반도체 컴퓨터칩이 내장될 것이다. 이것은 머잖아 반도체와 함께 사물인터넷(IoT) 시대가 도래할 것임을 시사하는 것인데, 고성능 반도체 없이는 불가능한 일이다. 이때가 되면 우리는 도처에 있는 전자기기들과 언제나 대화하며 더욱 더 안락한 삶을 누리게 될 것이다. 그렇다, 분명히 우리는 지금 '반도체 시대'에 살고 있는 것이다.

'반도체 시대'란 구체적으로 어떠한 시대를 말하는가?

그것은 간단히 말해서 석기 시대 사람들이 돌 도구를 다루듯이, 사람들이 반도체의 산물인 컴퓨터와 스마트폰 같은 기기들을 자유자재로 다룰 수 있는 시대를 말하지 않겠는가. 따라서 반도체 시대에는 반도체를 질그릇처럼 잘 다룰 줄 아는 기업이나 나라는 흥하고, 그렇지 못한 기업과 나라는 당연히 망할 수밖에 없을 것이다. 반도체는 도대체 무엇이기에 모든 기기들을 움직이고, 사람들을 조종하고, 기업과 국가를 좌지우지할 수 있단 말인가. 무엇이 반도체를 이토록 특별하게 만들었을까?

요즈음 반도체를 모른다면 현대인이 아닐 것이다. 우리는 자주 인터넷이나 매스컴을 통해서 그 이름을 접하고 있다. 우리 사회에서 보통 반도체라고 하면 전자기기를 구성하는 D램이나 플래시 메모리와 같은 메모리 반도체와 그 외의 비메모리 반도체들을 통칭해서 부르는데, 원래 반도체는 그 이름으로부터도 짐작할 수 있듯이 전기 전도도가 금속(도체)과 절연체(부도체)의 중간 정도인 물질을 말한다. 보통 금속은 전기가 잘 통하고 절연체는 전기가 잘 통하지 않는다. 그들에 비해서 반도체의 전기 전도성은 유동적이어서 인가하는 전압, 온도와 불순물 함량 그리고 빛의 조사량에 따라서 달라진다. 예를 들어서 빛의 조사량이 커지면 전기가 통하지 않던 반도체의 전기 전도도가 증가하여 전기가 잘 통하게 된다. 이러한 특성 때문에 특히 빛을 검출하거나 전기 신호를 스위칭, 증폭 또는 변조할 때, 반도체는 금속이나 절연체에 비해 훨씬 뛰어난 물질이다.

우리가 외부에서 쉽게 조작하여 정보를 저장하거나 정보처리, 통신 및 이미지 센싱 등을 할 때 쓰는 IC칩이 반도체 재질인 이유가 여기에 있다.

1.1 두 계층으로 나누어진 시대

반도체는 왜 '슈퍼스타' 물질이 되었을까?

그것은 반도체가 '작은 공룡'인 '전자'와 '정공'[4]들이 놀기 좋은 곳이기 때문이다. 그들은 그곳에서 태어나서 일하고 그곳에서 소멸된다.

외부에서 전압을 걸어주면 전자는 양극 쪽으로, 정공은 음극 쪽으로 흐른다. 그들은 반도체 속에서 수없이 무리지어 이동하는데, 1암페어의 전기나 전류가 흐른다는 것은 전자나 정공이 매초 6.25×10^{18} 개씩 지나가는 것을 말한다. 이 숫자는 무당벌레로 지구 표면을 완전히 덮을 정도로 많은 양에 해당된다. 그들은 달리다가 충분히 가속되면 원자와 충돌하여 더 많은 전자와 정공을 발생시키기도 한다. 또한 그들은 자발적으로 움직이기도 하며, 외부에서 보내오는 신호에 따라서 일사분란하게 이동하기도 한다.

우리는 이 책에서 반도체에 대해서 마지막 장까지 자세히 살펴볼 것이다. 반도체는 '전기'의 아이들인 '전자'와 '정공'이 만나 사랑을 나누는 곳이기도 하고, '빛'의 입자들인 '광자'가 태어나는 곳이기도 하다. 그들은 그곳에서 일하기 위해서 훈련을 받고, 일을 다 마치면 소멸되거나 또 다른 일을 수행하기 위해서 다시 부활하기도 한다.

우리에게 잘 알려진 반도체로는 실리콘(Si)과 게르마늄(Ge)이 있다. 이들 반도체들은 각각의 원자들이 이웃하는 4개의 원자들과 서로 결합하여 형성된 고체 결정들이다.

실리콘 원자[5]는 가운데에 양전하를 띤 원자핵이 있고, 그 주위로 특정한 위치에 다수의 원형 궤도가 있는데 이곳에 음전하인 전자가 14개 있다. 이러한 실리콘 원자 안에는 극성이 서로 다른 원자핵과 전자들 사이에 서로 당기는 쿨롱의 힘[6]이 존재하는데, 바로 이 힘으로 양극성(+)의 원자핵이 주변의 음극성(-)의 전자를 구속하고 있는 것이다. 쿨롱의 힘은 원자핵과 전자 사이의 거리가 가까울수록 커지기 때문에, 실리콘 원자핵 근처의 궤도에 있는 10개의 전자(속박 전자)들은 원자핵에 강하게 속박되어 있고, 나머지 최외각 궤도에 있는 4개의 가전자[7]들은 상대적으로 느슨하게 구속되어 있다. 즉 10개의 속박 전자들은 주변 원자들과 결합할 수 없으나 4개의 가전자는 주변 원자들과 쉽게 결합할 수 있다. 따라서 4개의 가전자들을 가진 실리콘 원자들은 이웃하는 4개의 실리콘 원자들과 가전자들을 공유하면서 서로 결합하여 실리콘 결정을 형성한다.

앞에서 언급했듯이 전자들은 원자핵 주변, 아무 곳에나 구속되어 있지 않고 특정한 궤도에만 있을 수 있다. 그리고 궤도가 핵에 가까울수록 이들 전자들은 더 강하게 구속되어 있기 때문에 핵으로부터 이들 전자들을 탈출시키려면 더 큰 에너지가 필요하다. 이 에너지를 전자의 에너지 준위(energy level)라고 하며, 단일 원자에 속박되어 있는 모든 전자들은 특정한 에너지 준위를 갖는다. 원자들이 서로 멀리 떨어져서 듬성듬성 있

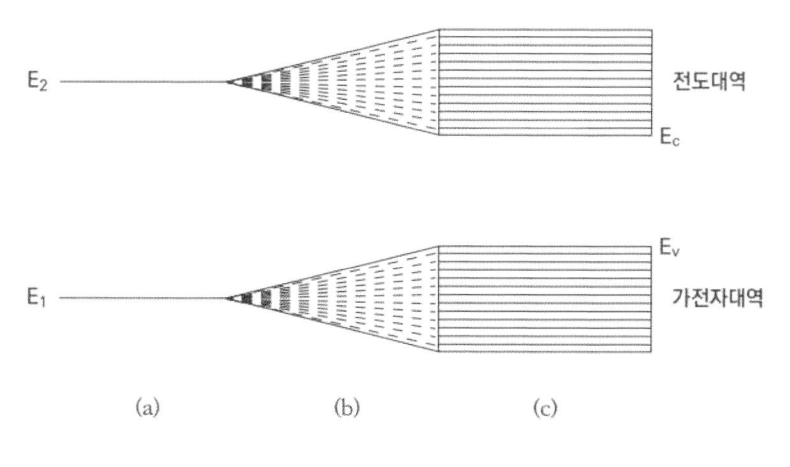

〈그림 1.1〉 에너지 대역의 형성 과정

(a) 원자들 간의 간격 $r=\infty$일 때, (b) 원자들이 서로 점점 더 가까워질 때($\infty > r \geq a$), (c) $r=a$일 때[고체 상태, a=결정의 원자 간의 거리(bond length)]. E_c는 전도대역의 맨 아래 에너지 준위를 가리키고, E_v는 가전자대역의 맨 꼭대기 에너지 준위를 말한다.

는 기체의 경우, 서로 아무런 영향을 미치지 않기 때문에 이 에너지 준위들의 위치는 바뀌지 않는다. 그러나 원자들이 서로 영향을 미칠 정도로 가까이 밀집되어 있는 고체에서는 다르다. 고체에서는 원자들이 빽빽하게 밀집되어 있기 때문에 에너지 준위가 분할되어 '에너지 대역'을 이룬다[8].

〈그림 1.1〉은 에너지 대역이 어떻게 형성될 수 있는지 그 개념을 간단히 설명하기 위해서 그린 그림이다. 원자들이 서로 아주 멀리 떨어져 있을 때는 전자의 에너지 준위가 각각 E_1, E_2이던 것이[(a) 영역], 점점 더 가까워짐에 따라서 원자들 간의

상호 작용으로 에너지 준위 E_1, E_2가 각각 점점 더 큰 폭으로 크게 나누어지다가[(b) 영역], 고체 상태에 이르러서 두 개의 대역이 형성됨을 알 수 있다[(c) 영역].

실제로 실리콘 고체에는 세제곱 센티미터(cm^3) 당 대략 5×10^{22} 개의 원자들이 아주 빽빽하게 밀집되어 있다. 따라서 실리콘 반도체에는 이러한 '에너지 대역'이 여러 개가 존재한다. 반도체에 존재하는 '에너지 대역' 중에는 외각 전자가 주로 활동하는 두 개의 에너지 대역이 있는데, 반도체의 특성은 바로 이들 두 대역으로부터 나온다.

이들 두 에너지 대역을 전자공학에서는 '가전자대역'과 '전도대역'이라고 부른다. 위의 두 대역 중에서 '가전자대역'은 아래에 있고 '전도대역'은 위에 있다. 따라서 우리는 여기에서 이 에너지 대역[9]들을 각각 '하(류)층 영역'과 '상(류)층 영역'이라고 부르겠다. 그런데 거의 모든 전자들은 주로 하층에 머물러 있지만, 하층에 있는 전자들 중에서 일부는 외부로부터 에너지를 받아서 그곳에 빈자리를 남기고 상층으로 점프할 수 있다[10]. 이때 전자가 하층에서 빠져나간 후에 그곳에 남긴 '빈자리'를 '정공(hole, 구멍)'이라고 하는데, '전자'가 마이너스 전하를 띠고 있기 때문에 '정공'은 양전하를 띠게 된다. 〈그림 1.2〉는 하층인 가전자대역에 있는 모든 전자들이 절대온도 0도에서는 꼼짝 못하고 제자리에 박혀 있다가, 절대온도 300도(상온)에서는 그 중에서 일부가 열에너지를 받아 하층에 정공을 남기고 상층인 전도대역으로 이동하는 모습을 보여주는 그림이다.

상(류)층인 전도대역에 있는 '전자'들은 어디에도 구속받지 않

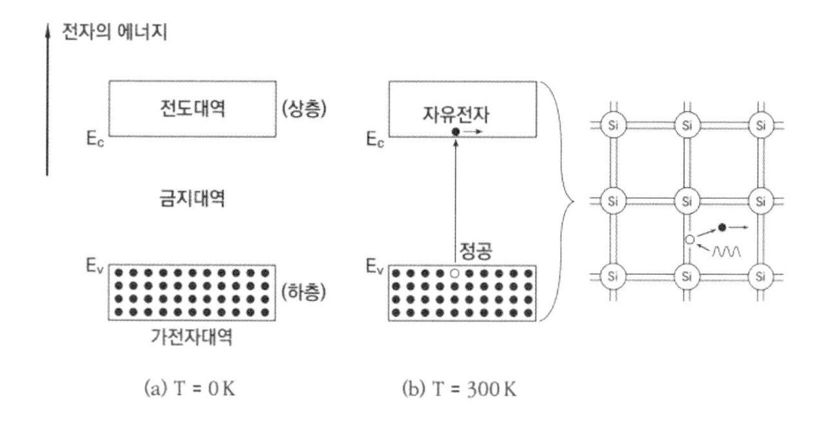

〈그림 1.2〉 반도체 결정에서 자유전자와 정공의 탄생

전자들이 머물 수 있는 대역으로 하층에 가전자대역이 있고 상층에는 전도대역이 있다. 두 대역 사이에는 허용되지 않는 금지대역이 존재한다. (a) 절대온도 0도에서는, 모든 전자들이 하층에 구속되어 있다. (b) 온도가 절대온도 300도(상온)가 되면 일부 전자가 열에너지를 받아서 상층으로 이동하면서 전도대역에는 '자유전자'가 생기고 가전자대역에는 '정공'이 생긴다. 이것을 실리콘 결정에서는 열에너지를 받아서 원자들이 진동하다가 일부 공유결합이 끊어지면서 '자유전자'와 '정공'이 발생하는 것으로 설명한다. 검은 점은 전자이고 흰 구멍은 정공을 가리킨다.

고 자유롭게 움직일 수 있는 '자유전자(free electron)'이며, 반도체에서 전기를 잘 통하게 하는 주역들이다. 그들은 정보를 저장하고 전달하는 역할을 하기도 하고, 때로는 컴퓨터에서 수치 계산을 하거나 로봇으로 집안 청소를 하기도 한다. 반도체 시대에서 진정한 주인공은 IT 기업체도 아니고 천재 과학자도 아닌 이들 상(류)층 전자들이다. 이들이 없이는 온 지구촌이 휴대폰도, TV도, 인터넷도 불통인 암흑세계가 될 것이다.

반도체의 세계에도 상류층 전자와 하류층 전자가 있다니 놀랍지 않은가? 우리가 살고 있는 세상도 점점 더 소수 상위 특권층과 나머지 서민층으로 양분화 되어 가고 있다. 반도체 속에서 살면서 우리들의 세상도 자연스럽게 반도체를 닮아가고 있는 것은 아닐까?

이 세상에서 반도체의 중요성은 점점 더 커지고 있다. 날이 갈수록 전자들의 영향력이 더 커지는 그런 시대가 되어가고 있다. 그들이 없이 과연 우리들이 할 수 있는 일이 얼마나 될까? 아마도 하루도 이 사회에서 버티기 어려울 것 같다. 이 얘기는 우리 사회도 전자들의 지배 하에서 우리들이 지각하지 못하는 사이에 조금씩 반도체를 닮아가고 있다는 뜻은 아닐까?

우리 사회를 한번 들여다보자. 가정도, 기관도, 국가도 중심에 어김없이 갑이 있고 주변에 을이 돌고 있다. 갑은 권력자이고 을은 '권력'이라는 힘에 의해서 갑에 묶여 있다. 권력자에게서 벗어나려고 하면 할수록 '권력'이라는 힘이 을을 더 세게 잡아당긴다. 그렇기 때문에 권력을 인정하고 규칙에 순응할 수밖에 없다. 그러나 자연은 항상 변화를 원한다. 원자 세계에서는 양전하를 띠고 있는 원자핵이 '갑'이고 그 주위를 일정 거리에서 돌고 있는 전자들이 '을'이다. '쿨롱의 힘'은 원자핵이 음전하를 띠고 있는 전자를 잡아당기는 힘으로, 인간 사회에서의 권력과 같다.

우리가 갑에게서 벗어나기를 늘 열망하는 것처럼 전자들도 구속받지 않고 자유로운 '자유전자'가 되기를 원한다. 이처럼 그들도 반란을 꿈꾼다. 그러나 아무나 꿈이 이루어지는 것은 아니다. 인간의 권력을 이겨낼 수 있는 능력이 있는 자들만이 갑에게서 해방될 수 있는 것처럼, 그들도 외부로부터 에너지를 받아 충분한 힘을 갖게 되어서야 비로소 '자유전자'가 될 수 있는 것이다.

1.2 반도체에도 금지대역이 있다

우리 사회도 두 세계로 양분화 되어가고 있다.

즉 거부들이 사는 세계와 거기에 속하지 못한 사람들이 거하는 세상으로 나뉘고 있다. 부자들은 더욱더 부자가 되고 가난한 자들은 더욱더 가난해져서, 두 세계의 갭은 시간이 흐를수록 점점 더 벌어지고 있는 것이 지금 우리들의 안타까운 현실이다. 소수의 상위 계층 사람들에게 대부분의 주식과 부동산이 편중되고 있는 부의 집중 현상은 세계적인 추세이다. 전문가들은 부의 집중 현상의 원인으로 세계화를 포함하여 여러 가지를 지적하고 있다. 어쩌면 21세기가 끝나기도 전에 갭은 지구에서 태양까지의 거리만큼 커질지도 모른다.

21세기 후반의 지구는 어떠한 모습일까?

20세기 중반의 지구 모습에 비하면 21세기 초반인 지금, 지구의 모습은 아주 많이 변화했다. 경작지나 공장 부지를 확

보하기 위해서 전 세계 삼림의 80% 이상이 파괴되었다. 산업의 발달로 인해서 자동차와 공장에서 나오는 매연으로 공해도 심해졌다. 불과 반세기만에 지구의 무공해 환경이 크게 파괴되었다. 그동안 소수의 부자들은 더욱더 부자가 되었으며 가난한 자들은 여전히 가난하다. 앞으로 반세기 후의 우리의 모습은 어떠한 모습일까? 아마도 지구의 환경은 지속적인 파괴로 더욱더 열악해지고, 막대한 비용을 들여 우주선을 타고 제2의 지구를 찾아 나서기를 원하는 초거부들이 계속해서 생겨날 것이다. 이와 같이 이들 초거부들이 속해 있는 계층(상층)과 그들의 세계를 넘볼 수 없어서 지구에 머물 수밖에 없는 대다수의 사람들이 속해 있는 계층(하층)으로 나눠질 것이다.[11]

인간 세상에서 이들 계층들은 치열한 경쟁 때문에 생겨난다. 마치 반도체에서 수많은 원자들이 서로 가까이 밀집하여 하나의 에너지 준위를 놓고 서로 밀고 당기는 과정에서 에너지 대역들이 생겨나는 것처럼 상층과 하층으로 두 계층이 생겨난다. 이들 두 계층 사이에 존재하는 거대한 간극을 반도체에서는 '금지대역'이라고 부른다.

실리콘과 같은 반도체에서 전자들은, 하층부에 있는 '가전자대역'이나 상층부에 있는 '전도대역'에는 머물 수 있으나, 그 사이에 있는 '금지대역'에는 허용되지 않는다. 하층부와 상층부, 이 두 영역은 충분히 서로 멀리 떨어져 있다. 따라서 하층부 전자들 중에서 아주 운이 좋은 극소수의 전자들만이 상층부 전자가 될 수 있다. 상온에서 순수한 실리콘 반도체의 경우, 대략 확률적으로 보면 1조 개의 하층부 전자 중에서 단지 1개만이 열에너지를 받아서 '금지대역'을 뛰어넘어 상층부로 올라갈 수 있다. 이 숫자는, 당연히 온도가 올라가거나 외부에서 빛이 조사되면 증가하지만, 반도체 소자로서의 기능을 원활히 수행하기에는 턱없이 부족한 숫자이다. 그만큼 '금지대역'은 상층부와 하층부를 철저히 다른 세계로 갈라놓고 있다.

1.3 금지대역 안에 중간층이 있다

앞에서 하층부인 '가전자대역'과 상층부인 '전도대역' 사이의 간극이 커서 소수의 전자들만이 '가전자대역'에서 '전도대역'으로 올라갈 수 있다고 설명한 바 있다. 이 에너지 간격을 에너지갭(energy gap, E_g)[12] 또는 에너지 밴드갭이라고 부른다. 물질의 전기적, 광학적 특성은 이 에너지갭에서 나온다. 금속은 에너지갭이 없고 절연체의 에너지갭은 반도체의 에너지갭보다 더 크다. 따라서 금속의 전기 전도도가 가장 높고, 절연체의 전기전도도가 가장 낮으며, 반도체는 중간쯤 된다.

비록 반도체에서 전자가 가전자대역에서 전도대역으로 올라가기가 어려울 정도로 두 대역 사이에 간격이 많이 떨어져 있다고 하더라도 순수한 실리콘 반도체에 인(P)이나 비소(As)와 같은 불순물을 첨가하면, 〈그림 1.3〉과 같이 '금지대역' 안에 불순물 전자들이 거할 수 있는 중간층이 전도대역 바로 밑에 생긴다. 이 중간층을 '불순물 준위(불순물의 에너지 준위, E_d)'라고 부른다.

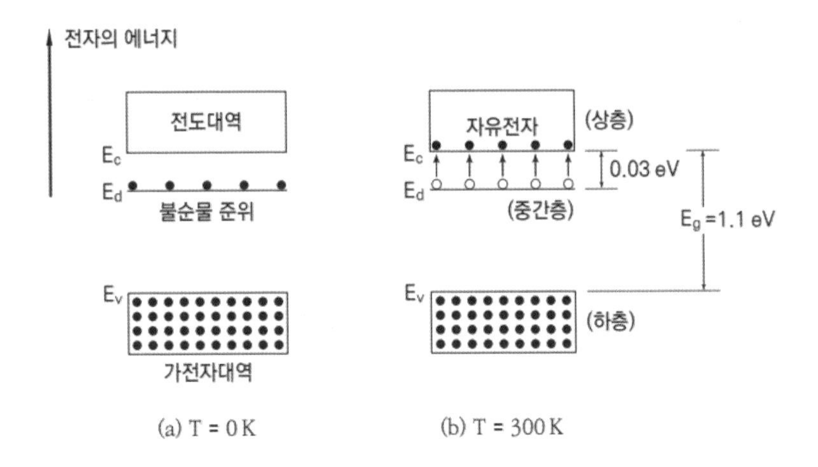

〈그림 1.3〉 불순물이 있는 실리콘 반도체의 에너지 대역의 모습. 실리콘 반도체에 불순물을 도핑하면 금지대역 안에 '중간층'이 생긴다. 이 중간층을 '불순물 준위'라고 부르며, 중간층의 위치는 불순물의 종류에 따라서 다르다. (a) 절대온도 0도에서 불순물 준위(E_d)에 그대로 머물러 있던 전자들이, (b) 절대온도 300도에서는 열에너지를 받아서 대부분이 전도대역으로 올라가서 자유전자가 된다.

그런데 이 중간층과 전도대역 사이의 간격($E_c - E_d$)은 아주 작기 때문에, 절대온도 300도에서도 거의 모든 불순물 전자들이 〈그림 1.3〉 (b)처럼 열에너지를 받아 상층부로 올라가 있다. 보통 반도체 소자의 불순물 농도는 $\sim 10^{16}\ cm^{-3}$ 이상인데, 이것은 실리콘 원자 수백만 개 중에서 불순물 1개가 첨가되어 있는 꼴이다. 그래도 이 정도면 엄청난 숫자의 불순물 전자들이 상층부인 전도대역으로 올라가서 반도체 소자의 기능을 원활히 수행할 수 있다.

금지대역 안에 생기는 중간층의 위치는 불순물의 종류에 따라서 다르다. 보통 실리콘에 불순물을 첨가하는 경우, 이 중간층의 위치는 전도대역으로부터 아래로 약 0.03~0.06eV[13]만큼 떨어져 있다. 〈그림 1.3〉은 불순물로 비소를 첨가한 실리콘 반도체의 에너지대역의 모습으로 중간층의 위치가 전도대역으로부터 0.03eV 만큼 떨어져 있는 것을 보여주고 있다. 실리콘 반도체에서 전도대역과 가전자대역 사이의 에너지갭이 1.1eV라는 것을 감안할 때, 중간층의 위치가 얼마나 전도대역에 바짝 붙어 있는지를 알 수 있다. 이 말은 중간층에 있는 불순물 전자들이 가전자대역에 있는 전자들에 비해서 훨씬 쉽게 자유전자, 즉 '전도 전자'[14]가 될 수 있다는 것을 의미한다. 이들 '전도 전자'들은 전류의 흐름에 기여한다. 따라서 불순물을 반도체에 많이 첨가할수록 그만큼 많은 불순물 전자들이 '전도 전자'가 되기 때문에 반도체의 전기 전도성은 높아진다.

우리 사회에도 '중간층'이 있을까? 여기서 말하는 '중간층'은 '중산층'과는 다른 개념이다. 하지만 엄연히 '중간층'은 존재한다. 여기에 속한 사람들은, 아직은 상류층에 속해 있지는 않지만 상류층 근처에 있기 때문에 기회가 오면 상류층으로 도약할 수 있는 집단을 의미한다. 벤처 기업을 창업해 성공한 CEO나 발명품이 대박이 나서 수혜를 입은 자들이 여기에 해당된다고 말할 수 있지 않을까?

1.4 불순물은 슈퍼스타

앞에서 언급했듯이 순수한 실리콘에 인(P)이나 비소(As)와 같은 5가 원자[15]를 불순물로 첨가하면, 금지대역에 불순물 준위인 중간층이 생기고 그곳에 있던 전자들이 전도대역으로 쉽게 올라간다. 이들 '전도 전자'들은 원자핵에 아주 약하게 붙들려 있기 때문에 쉽게 '자유전자'가 되어 전류의 흐름에 기여하고 반도체의 전도성을 증가시킨다. 이와 같이 순수한 반도체 안에 불순물을 도핑하면 자유전자들이 증가하여, 부도체처럼 있다가도 도체처럼 전도성을 띠게 되는데, 이러한 반도체를 'n형 반도체'[16]라고 부른다.

불순물에도 여러 종류가 있다. 실리콘 반도체에 붕소(B), 알루미늄(Al), 갈륨(Ga)과 같은 3가 원자를 도핑하면 가전자대역에 정공들이 증가하며 반도체가 전도성을 띠게 된다. 이러한 반도체를 'p형 반도체'라고 하는데, 여기서도 불순물은 전도성 증대에 결정적인 역할을 한다. 우리가 보통 불순물을 부정적으로만 생각하기 쉬운데, 반도체 소자에서의 불순물은 '슈퍼스타'이다. 없어서는 안 되는 귀중한 존재들인 것이다.

외각 껍질에 전자가 4개 있는 순수한 실리콘 입장에서 보면 전자가 3개나 5개 있는 3가 원자나 5가 원자는 결함이 있다고 할 수 있다. 마치 실리콘은 팔 다리가 4개가 있어서 주변 4개의 실리콘 원자들과 공유결합[17]을 할 수 있는데 비해서, 위 불순물들은 팔다리 하나가 부족하거나 하나가 더 많아서, 인간 세상이라면 불구자로 취급받을 수 있다. 하지만 반도체 세계에서는 다르다. 오히려 그 결함이 반도체에 생기를 불어넣고 더 빛나게 할 수 있기 때문에, 수백만 개 중에서 하나 꼴로 있는 매우 귀한 '보석'이라고 할 수 있다.

주기율표의 5족에 있는 5가 원자를 실리콘에 불순물로 첨가한 경우를 예로 들어서 그 이유를 설명하자. 우선, 5가 원자는 가장 바깥 껍질(최외각)에 다섯 개의 가전자가 있고 실리콘 원자는 최외각에 네 개의 가전자가 있다. 따라서 5가 불순물 원자를 순수한 실리콘 결정에 도핑하면, 불순물 원자의 다섯 개의 가전자 중에서 네 개의 가전자들은 인접한 네 개의 실리콘 원자들과 공유결합에 참여하고, 나머지 하나는 남아서 자유전자가 되어 전류의 흐름에 기여한다. 이렇게 되면 전기가 통하지 않던 반도체가 불순물 때문에 전기가 통하게 된다.

불순물은 반도체에서 VIP이다.

지금 우리 주변에 어둠 속에서 잠자고 있는 슈퍼스타들이 얼마나 많은지 한번 살펴보라. 사실 그들의 결함은 결함이 아니고 반도체의 불순물과 같은 신의 선물인지 모른다. 그렇다면 그것은 외면할 일이 아니라 오히려 격려해 줘야 할 일이 아닐까?

네덜란드의 천재 화가, 고흐는 정신 이상 증세가 있었으나 서양 미술사에서 가장 위대한 화가 중 한 사람으로 「별이 빛나는 밤」이라는 작품을 남길 수 있었고, 천재 음악가 베토벤은 청력 상실 이후부터 그의 작품을 작곡하는 속도에 불을 붙였다. 어디 그뿐인가? 토머스 에디슨(Thomas Edison)은 어린 시절 학습장애가 있었으나 1천 개 이상의 발명을 하여 세상에서 가장 많이 발명을 한 위대한 발명가로 기억되고 있다. 또한 호주에서 양팔과 다리가 없이 태어난 닉 부이치치는 지금 전 세계를 돌아다니며 희망을 전하는 유명한 연설가가 되었다.

역사상 탁월한 과학자들이나 예술가들은 어찌 보면 모두가 고집쟁이들이고 정신적으로 결함이 많은 사람들이었다고 해도 틀린 말은 아닐 것이다. 그들에게 결함은 아마도 신의 선물이었는지 모른다.

고흐는 세상을 앞서가다 귀를 잘랐다
그의 절규는 지구 반 바퀴를 돌다 하늘을 물들였는데

어디서 본 듯한 핏빛 노을에 절망하여
어느 젊은 천재 예술가가 선택한 것은
자신의 한 쪽 눈을 뽑는 거였다
그의 작품은 뭔가 좀 비틀어져 보였는데
그것이 바로 외눈박이 포스트모더니즘의 원조다

소년들아!
꼽추로 태어났는가, 기뻐하라 너는 행위 예술가가 될 것이다
소경으로 태어났는가, 기뻐하라 너는 작곡가가 될 것이다
귀머거리로 태어났는가, 기뻐하라 너는 피카소가 될 것이다
정신병자로 태어났는가, 기뻐하라 너는 시인이 될 것이다

고집쟁이로 태어났는가, 기뻐하라 너는 천재 과학자가 될 것이다

너에게 백만 명 중에 한 명 있는 결핍이 있느냐?
신의 은총에 감사해라 너의 재능은 백만 명을 먹여 살릴 것이다

반도체에 섞인 불순물처럼

-「결핍이 재능이다」 전문, 『아담의 시간여행』

1.5 도약하려면 연료가 필요하다

우리가 낮은 계층에서 높은 계층으로 신분 상승을 하려면, 사람들은 흔히 돈이나 권력이 필요하다고 생각한다. 입자의 세계에서도 그와 비슷하다고 할 수 있다. 가전자대역에 있는 전자들이 금지대역을 뛰어 넘어서 전도대역으로 도약하려면 위로 점프할 만한 충분한 에너지가 있어야 한다.

좀 더 자세히 〈그림 1.3〉을 통해서 설명해 보자. 가전자대역에 전자 하나가 전도대역으로 도약하려고 한다고 하자. 이때 이 전자가 전도대역으로 점프하려면 얼마만큼의 에너지가 필요할까? 앞에서도 간단히 언급했듯이 전자는 두 에너지 대역 사이의 간격, 즉 에너지갭(Eg)에 해당하는 에너지만 있으면 점프할 수 있다. 따라서 가전자대역에서 전도대역으로 점프하려고 할 때 반도체의 '에너지갭(Eg)'이 크면 클수록 그만큼 많은 에너지

를 외부로부터 공급받아야 전자가 도약할 수 있다.

순수한 반도체에는 불순물이 없기 때문에 〈그림 1.2〉처럼 금지대역 안에 중간층이 없다. 그러나 불순물 반도체에는 〈그림 1.3〉처럼 금지대역 안에 불순물 준위라고 불리는 중간층이 있다. 그런데 이 중간층은 전도대역에 바짝 붙어 있다. 따라서 가전자대역에 있는 전자가 금지대역을 뛰어 넘어 전도대역으로 도약하는 것보다 중간층에 있는 전자가 전도대역으로 점프하기가 훨씬 수월하다.

그렇다면 이들 전자들은 주로 어떠한 에너지를 공급받을까? 반도체에서 전자들이 공급받을 수 있는 에너지는 주로 '열에너지'와 '빛에너지'이다. 이들 에너지가 바로 전자들이 전도대역으로 점프할 때 근육을 태우는 연료가 되는 것이다.

온도가 절대 온도 0도 이상이 되면 원자는 열에너지[18]를 받아서 진동하기 시작하고 온도가 올라갈수록 더 심해진다. 전자의 평균 열에너지 역시 온도에 비례해서 증가하기 때문에 온도가 상승함에 따라서 원자들과의 결합에서 탈출하여 자유전자가 되는 전자들의 수가 크게 늘어난다. 〈그림 1.3〉 (a)는 절대온도 0도에서 불순물 준위와 가전자대역에 있는 모든 전자들이 열에너지를 공급받지 못하고 제자리에 박혀있는 모습이고, 〈그림 1.3〉 (b)는 절대온도 300도(상온)에서 불순물 준위에 있는 전자들이 열에너지를 받아서 모두 전도대역으로 도약한 모습이다[19].

물론 온도가 올라가면 열에너지도 증가하여 가전자대역에 있는 전자들이 전도대역으로 천이할 확률도 더 높아진다. 따라서 높은 온도에서는 자유전자의 수가 급격히 늘어나고, '정공'의 숫자도 그만큼 더 증가한다. 가전자대역에 빼곡히 차 있는 전자들 중에서 전자 하나가 가전자대역에 정공을 남기고 전도대역으로 점프하는 모습이 〈그림 1.2〉 (b)에 나와 있는데, 상온에서는 이러한 일이 벌어질 확률이 낮지만, 온도가 상승함에 따라서 급격히 증가한다.

대부분의 반도체 소자에서는 전기 흐름에 관여하는 '전자(자유전자)'와 '정공'의 농도를 불순물의 양으로 조절한다. 이것은 불순물 전자들이 중간층에서 위로 점프하는데 요구되는 연료가 상온의 열에너지로도 충분하기 때문이다. 간단히 말해서 불순물을 반도체에 많이 첨가할수록 자유전자가 증가하여 반도체에 전기가 더 잘 흐르게 되는 것이다.

외부로부터 '빛에너지'를 공급받아도 가전자대역의 전자들이 전도대역으로 도약할 수 있다. 그러나 전자들이 '빛에너지'를 받아 금지대역을 뛰어넘어 전도대역으로 이동하기 위해서는, 반도체에 입사하는 빛(광자)의 에너지가 두 대역 사이의 간극인 에너지갭보다 더 커야 한다. 그런데 '빛에너지'는 파장이 짧을수록 커지기 때문에, 에너지갭보다 더 큰 에너지를 갖는 짧은 파장의 빛에 의해서 자유전자가 생성된다. 예를 들어서 화합물 반도체인 갈륨비소(GaAs)의 경우, $0.9\mu m$[20] 보다 짧은 파장의 빛이 입사해야 '전자'와 '정공'이 생성되고 비로소 전도전류가 흐르게 된다.

반도체가 그 기능을 다 할 수 있는 것은 무엇 때문일까?

아마도 지금쯤은 누구나 이 질문에 대한 답을 알고 있을 것이다. 물론 '불순물'과 관련이 있다. 반도체에 불순물이 많이 첨가되어 있을수록 전기가 더 잘 통한다. 우리가 스마트폰이나 컴퓨터를 이용하여 통신을 할 수 있고, 텔레비전을 시청할 수 있는 것은 순전히 반도체에 있는 불순물 덕분이다. 반도체에 불순물이 첨가되어 있기 때문에 수많은 전자들이 전자기기에서 전기신호를 운반할 수 있고, 또한 그 신호를 복원할 수 있는 것이다. 간단히 말해서 이들 전자들 때문에 우리는 메일을 송수신할 수 있으며 이웃과 소통할 수 있다.

보통 '불순물'은 좋은 이미지보다는 나쁜 이미지에 가깝다. 그러나 반도체가 제 기능을 하려면 불순물이 꼭 있어야 한다. 우리 사회에도 반도체의 불순물과 같은 존재들이 있다. 그들은 남들과 다르게 온전하지 못하고 뭔가 결핍이 있는 자들같이 보이지만, 신은 그들에게 특별한 능력을 주셨다. 전자들이 '불순물 준위'를 통해서 전도대역으로 쉽게 도약할 수 있는 것처럼 그들의 타고난 능력은 그들로 하여금 놀라운 업적을 이루게 한다. 중간층에서 상층부로 일약 양자도약(quantum jump)을 하게 한다. 이처럼 그들은 '매우 낯선 소수의 집단'이지만 독특하고 창의적인 존재들이어서 아무도 예상치 못하는 도약을 할 수 있다.

E=hf
photon
전자
정공

02

광자들의 탄생

● ‘전자’와 ‘정공’들도 사랑을 할까?

한여름에 기온이 올라가면 매미가 절박하게 울어댄다. 수매미가 사랑을 노래하는 소리이다. 가을이 되어 날씨가 선선해지면 또 귀뚜라미들이 우렁차게 노래한다. 짝을 찾는 구애의 소리이다. 반딧불이들은 어떠한가? 그들은 화학 반응을 통해서 나오는 빛으로 짝을 부른다. 다시 말해서 반딧불이의 불빛도 암놈에게 보내는 사랑의 메시지인 것이다. 이렇게 하등 생물인 곤충들에게조차도, 사랑이 그들 삶의 궁극적인 목적이라고 할 수 있다. 그렇다면 좀 더 고등 생명체인 사람들에게 있어서 사랑은 어떠할까? 부모와 자식 간의 아가페적인 사랑도 있고 친구들과의 우정도 있지만, 무엇보다도 뜨겁고 애틋한 사랑은 남녀의 사랑일 것이다. 어찌 보면 남녀 간의 '사랑'도 인류 번영을 위해서 구비된 묘약이라는 점에서 하등 동물과 다를 바 없다. 어떤 동물이든지 '사랑'은 '암수 짝짓기'로 종족 번식을 위해서 꼭 필요하다. 그것이 거대한 대왕고래든지 작은 설치류든지 간에 동물들이 지구상에서 멸종되지 않고 살아갈 수 있는 이유이다. 지구가 사랑의 노래와 메시지로 가득 차 있다면 그것은 자연이 건강하다는 뜻일 것이다.

'사랑'이 지속되는 동안 이 땅은 생명체들의 꿈틀거림으로 가득할 것이다. 바다는 끊임없이 철썩거리며 물고기에게 호흡을 불어 넣고, 대지는 가슴을 열어 들짐승에게 젖을 물릴 것이다.

잠깐, 그렇다면 생명체가 아닌 반도체에도 사랑이 있을까?

2.1 전자와 정공의 사랑이야기

중생대 시대 공룡들이 지구를 지배한 적이 있었다.

지금은 그 시대의 공룡들은 사라졌지만, 새로운 '작은 공룡'들이 나타나서 반도체 시대를 주름잡고 있다. 그들은 다름 아닌 '전자'와 '정공'들이다. 그들은 반도체 속에서 떼를 지어 춤추고 노래하고 사랑도 한다. 언제든지 일이 주어지면 지체 없이 그 일을 수행한다. 때때로 일하면서 사랑을 나누고, 사랑하면서 일을 수행하기도 한다.

그렇다면 '전자'와 '정공'들에게 사랑은 대체 무엇을 의미하는 것일까?

앞에서 잠깐 언급했듯이 가전자대역에 있는 전자들은 원자핵 근처에 있는 '속박 전자'들보다는 약하지만 '자유전자'들보다 강하게 핵에 구속되어 있다. 따라서 이런 전자들은 자유전자들처럼 쉽게 이동할 수 없다. 그러나 충분한 열에너지나 빛에너지를 받으면 '자유전자'로 신분이 상승할 수 있다. 다시 말해서 하류층 전자가 가전자대역에서 에너지를 받아서 전도대역으로 도약할 수 있다. 이때 전도대역으로 올라간 전자는 자유전자가 되어서 어느 곳에도 속박되지 않은 채 반도체 위를 자유롭게 돌아다닐 수 있다.

이렇게 가전자대역에 있던 전자 하나가 전도대역으로 올라가서 '자유전자'가 될 때, 가전자대역에는 특별한 일이 벌어진다. 바로 가전자대역에 있던 전자의 공간 하나가 비게 된다. 즉 가전자대역에 '빈자리(구멍)', 즉 '정공'이 하나 생기는 것이다. 다시 말해서, 가전자대역의 전자 하나가 에너지(열, 빛 또는 전기)를 받아서 전도대역으로 올라가면, 전도대역에는 거의 구속 받지 않는 '전자' 즉 '자유전자'가 하나 생겨나고 가전자대역에는 '정공'이 하나 생긴다(〈그림 1.2〉 참조). 이들이 중요한 것은 반도체에서 '전기 전도'나 '전류 흐름'이 이들 전자와 정공에 의해서 발생하기 때문이다.

반도체는 전자-정공 쌍들이 부화하기 좋은 곳이다.

열을 받아서 둥지가 덥혀지면 중생대 파충류들이 알에서 깨어나 평원을 달리는 것처럼, 반도체에서도 열이나 빛에너지를 받으면 이들 전자-정공 쌍들이 생겨나고 그들은 포효하면서 반도체 평원을 질주한다. 거대한 공룡들이 쥐라기 평원을 한때 누비고 다녔던 것처럼 이제는 전자와 정공이 반도체 평원을 주름잡고 다닌다. 이 때문에 우리는 전자와 정공을 '작은 공룡'이라고 부른다. 반도체에는 크기가 아주 작은 골짜기와 우물들이 아주 많다. 특히 폭이 수 나노미터[1] 혹은 그 이하가 되는 나노크기의 우물이 곳곳에 있는 '나노평원'에는 '작은 공룡' 무리들 천지이다.

여기서 음전하를 띠고 있는 전자를 수컷 공룡이라고 한다면, 전자가 하나 비어 있는 공간인 정공은 양전하를 띠고 있어서 암컷 공룡이라고 부를 수 있다. 여기서, 전자를 수컷이라고 일컫는 이유는 반도체 내부에서 전자가 정공에 비해서 훨씬 활동적이기 때문이다.

그러면 자유전자와 정공이 만나면 어떤 일이 벌어질까?

가전자대역에 전자가 하나 빠져나간 '빈자리'가 정공을 의미하기 때문에, 전자가 전도대역에서 가전자대역으로 이동해서 정공을 만나게 되면 빈자리가 채워지고 정공은 사라지게 된다. 이렇게 전자와 정공이 서로 만나 짝짓기하면, 아니 '사랑'을 나누면 정공은 소멸하고 전자는 '자유전자'의 신분을 잃기 때문에 이들의 사랑이 마냥 기쁘기만 한 것은 아니다. 그러나 짝짓기의 결과는 정말로 놀랍다. 나중에 자세히 설명하겠지만 그들의

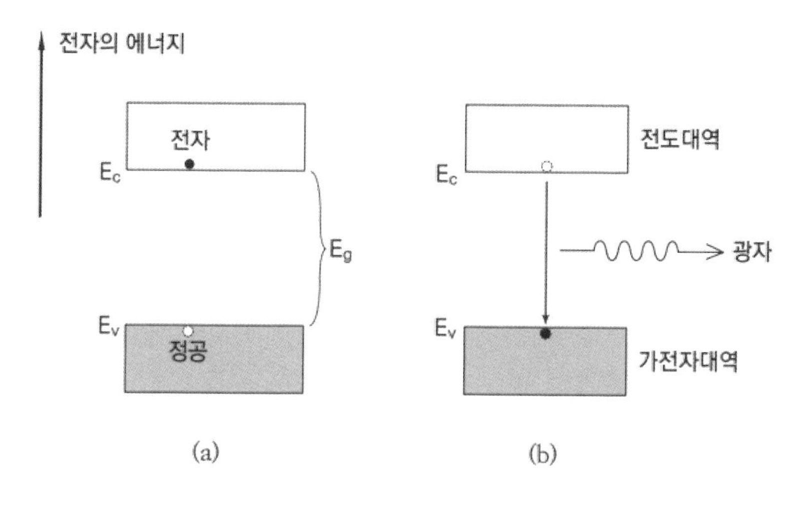

〈그림 2〉 전자-정공의 결합과 광자의 탄생

(a) 전도대역에 있는 전자와 가전자대역에 있는 정공이, (b) 결합을 하는 순간 전자의 신분 변화와 함께 정공이 소멸되면서 광자 하나가 방출된다. 다시 말해서 전도대역의 전자가 가전자대역으로 이동하여 '빈자리'를 채우면서 광자가 빛으로 방출된다. 이때 광자의 에너지는 에너지갭($E_g = E_c - E_v$)과 거의 동일하다.

짝짓기는 예사로운 짝짓기가 아니다. 그 이유는 짝짓기와 동시에 〈그림 2〉 (b)와 같이 '광자'라는 입자가 빛으로 방출되어 나오기 때문이다.

광자에 대해서는 뒤에서 자세히 설명하겠다. 이들 작은 공룡들은 '나노평원'에서 보통 암수가 따로따로 무리를 지어 무엇에 쫓기듯이 빠르게 질주한다[2]. 그들은 떼로 한꺼번에 나타나고 또 떼로 사라진다.

그런데 전자와 정공을 분리해서 일을 시키기 위해서는 외부에서 전압을 가해줘야 한다. 일단 반도체에 전압이 가해지면 일사불란하게 전자들과 정공들이 서로 반대 방향[3]으로 일하기 위해서 이동한다. 이들이 효율적으로 일할 수 있도록 만들어진 소자가 바로 반도체 다이오드와 같은 반도체 소자들이다. 일의 성격에 따라서 다양한 다이오드와 트랜지스터 소자들이 있다. 이들 반도체 소자에 일하라는 신호가 떨어지면 반도체 공장마다 기계들이 돌아가고, 전자와 정공들은 일을 시작한다[4]. 그들은 우리를 대신해서 인터넷에서 정보를 검색하기도 하고, 친구에게 메시지를 보내기도 하고, 교통을 통제하기도 하고, 더러는 게임을 하느라고 정신이 없다.

그들 때문에 우리들이 사는 세상이 뜨겁다.

집집마다 인터넷과 휴대폰에서 불이 난다. 여기저기에서 작은 공룡들의 사랑싸움[5]과 광자들의 울음소리가 끊이질 않는다. 그러나 한 가지 말하지 않은 것이 있다. 모든 반도체에서 전자와 정공이 쉽게 서로 만나 광자(빛)를 방출할 수 있는 것은 아니다. 어떤 반도체에서는 전도대역의 전자와 가전자대역의 정공이 서로 만나려면 포논[6]의 도움이 있어야 한다.

예를 들어 화합물 반도체인 갈륨비소(GaAs)나 갈륨비소인(GaAsP)에서는 다른 입자의 도움 없이 전도대역의 전자가 가전자대역의 정공과 직접 합궁하여 광자(빛)를 방출한다. 그러나 실리콘이나 게르마늄에서는 이들 전자와 정공이 만나서 합궁하여 광자를 방출하려면 반드시 포논이 관여하여야 한다. 따라서 광자들을 많이 방출시키기 위해서는 갈륨비소와 같은 화합물 반도체가 실리콘보다 훨씬 더 유리하다[7]. 그렇기 때문에 현재 다양한 화합물 반도체들이 LED 조명용 재질로 쓰이고 있다. 거기에서 쏟아져 나온 광자들이 지금도 우리 가정의 안팎과 도시의 거리를 환하게 밝혀주고 있다. 어둠을 밝히는 광자들에 대해서는 5장에서 좀 더 자세히 알아보게 될 것이다.

2.2 드디어 광자들이 깨어나다

'광자'는 사랑의 선물인가?

우리는 이미 전자와 정공이 서로 만나 사랑을 나눌 때마다 반도체 평원에서 광자가 하나씩 부화된다는 것을 알고 있다. 그런데 광자[8], 그들은 도대체 누구인가? 형체도, 무게도, 크기도 없는 '유령'인가, 날개 달린 '요정'인가, 아니면 '어린 천사'들인가?

그들은 세상에서 가장 빠르게 달린다.

그들은 광속으로 달리는데 1초에 30만 킬로미터를 질주할 수 있다. 이 속도는 1초에 지구를 7바퀴 반씩이나 돌 수 있고, 1억 5천만 km나 떨어져 있는 태양에서 지구까지의 거리를 8분 20초에 달릴 수 있는 엄청난 속도이다. 그들이 하나둘 모여서 빛을 이루기 때문에 우리는 그들을 '빛의 양자'[9] 또는 '빛알갱이'라고 부른다. 다시 말해서 빛은 '광자 덩어리'이다. 지금은 광자들의 세상이다. 컴퓨터, 휴대폰, 인터넷, 디스플레이 등 어느 것을 들여다봐도 그들의 세상이다.

수많은 광자가 일시에 반도체에서 쏟아져 나오도록 하기 위해서는, 전자와 정공이 떼로 운집할 수 있는 그러한 구조물이 있어야 한다. 그래서 나온 것이 반도체 다이오드이다. 대부분의 다이오드는 반도체에 선택적으로 불순물을 첨가하여, 한쪽은 p형 다른 한쪽은 n형 반도체를 형성시킴으로써 만들어진다. 따라서 다이오드에는 p형과 n형 영역 사이에 접합면(junction)이 존재한다. 특이한 점은 평형상태(즉 외부 전압이나 빛이 없을 때)에서는 이 접합면을 거쳐 흐르는 실질적인 전류는 없다는 것이다.

그러나 반도체 다이오드에 외부에서 전압을 인가해 주면, 허기진 누 떼들이 우기에 아프리카 초원으로 구름같이 몰려드는 것처럼, 전류가 흐르면서 전자와 정공이 접합면 근처로 우르르 모여들어 짝짓기를 시작한다. 이때 어떤 반도체 소자에서는 광자들이 폭포수처럼 일시에 쏟아져 나오는데, 홀(Robert Hall) 박사 팀이 1962년에 발표한 반도체 레이저가 이러한 원리에 기반을 두고 있다. 이 과학자들이 반도체 레이저의 재질로 사용한 갈륨비소는, 실리콘이나 게르마늄에 비해서 전자와 정공 간의 짝짓기(재결합)가 훨씬 용이하다. 이러한 장점 때문에 세계 최초로 1962년에 동작시킬 수 있었던 반도체 레이저가 바로 갈륨비소 반도체 레이저이다.

이듬해인 1963년에는 크로머(Herbert Kroemer) 교수가 두 개의 반도체층 사이에 활성층을 끼워 넣는 '이중 이질접합 구조'의 개념을 제안했다. 이것은 전자와 정공을 효율적으로 활성층

(active layer)에 가둘 수 있는 이론적 토대가 되었고, 1970년에 마침내 상온에서 연속으로 광자들을 발진시킬 수 있는 레이저의 개발로 이어졌다. 그 이후 지금까지 반도체 공정의 발달과 함께 다양한 반도체 재질들이 출현하게 되었고, 마침내 본격적인 광 반도체 시대를 맞이하게 되었다.

특히, 두 개의 이질접합[10] 사이에 양자우물[11]을 형성하고 그곳에 전자와 정공을 가둬서 효율을 극대화시키는 '양자우물 구조'는 광통신, 조명, 디스플레이, 태양전지 등 다양한 분야의 광 반도체에서 크게 각광을 받고 있다.

전자와 정공, 즉 '작은 공룡'들이 만나서 서로 사랑하다가 광자를 낳는다니! 그리고 요즘 시대의 'VIP'들인 전자들이 'VVIP'인 광자를 낳은 곳이 바로 반도체라니, 놀라운 일이 아닐 수 없다. 여기서 우리는 전자와 정공을 '작은 공룡'이라고 불렀는데, 그렇다면 '광자'를 뭐라고 부르는 것이 좋을까? 물론 광자들이 '작은 공룡'들인 전자와 정공의 짝짓기를 통해서 나온 자식들이기 때문에 '아기 공룡'이라고 부를 수도 있고, 아니면 그냥 '요정'이라고 부를 수도 있겠다. 하지만 이 글에서 우리는 광자를 '어린 천사'라고 부르기로 하자. 그들을 왜 '어린 천사'라고 부르는지는 앞으로 차츰 알게 될 것이다.

이렇게 전자와 정공 사이에서 태어난 '광자'들은 무리를 지어 다니며 우리를 위해 날마다 일개미처럼 일만 한다. 어렵고 복잡한 인터넷 세상 속에서 온갖 정보들을 날라다 줌으로써 지구 저편에서 일어나는 궁금증을 우리들에게 실시간으로 알려준다. 밤마다 조명등으로 도시 전체를 밝혀준다. 심지어는 밤낮으로 교통사고가 나지 않도록 교차로나 공항에서 교통신호를 통제해 주기도 한다. 그들은 지구 구석구석을 환하게 밝혀주고 지구인 모두가 서로서로 소통할 수 있게 해주는 '어린 천사'들인 것이다.

잠깐, 광자들에 의해서 지구 전체가 어떻게 소통되는지를 은유적으로 노래한 시, 「산소-반도체 레이저」를 감상해 보자.

어둠 속에서
백만 년을 기다렸던 대역사가 이루어졌다
두 세계를 잇는 커다란 터널이 뚫리고
수많은 대협곡이 생겨났다
물이 흐르고 녹색 떨림이 꿈틀거리자
하늘로부터는 익룡이 쉬지 않고 날아들었고
땅 위에서는 육식 공룡이 으르렁대며
일제히 협곡으로 몰려들었다

그들이 그곳에서 서로 만나 하나가 될 때마다
거듭거듭 몇 번이고 천둥 치고 번개 쳤다

깊은 협곡 속에 갇혀 울부짖던 야성들은
제 울림에 더욱 미쳐 발광하다가 일제히
벼락같은 거대한 울음으로 우르르
장벽을 뛰어넘었다

붉은 울음들이 기지개를 켜고
꽃 편지를 들고 빛의 고속도로를 따라 질주한다
그리운 얼굴들이 날마다 눈물을 받아먹는다
서울이 뉴욕이 베이징이 나이로비가 환해진다
백만 년 만에 지구가
다시 숨을 쉰다

- 「산소-반도체 레이저」 전문, 『쥐라기 평원으로 날아가기』

2.3 새로운 광자시대가 열리다

(절대온도 0도 이상의) 모든 물체는 에너지를 빛이나 각종 전자기파의 형태로 방출한다. 그리고 거의 모든 물체는 입사하는 빛 중에서 일부는 흡수하고 일부는 반사한다. 그러나 흑체[12]에서는 모든 파장의 빛을 전부 흡수한다. 이 '흑체'가 중요한 것은, 흑체에서 방출되어 나오는 빛이 특별한 '스펙트럼의 세기 분포'를 하고 있기 때문이다. 이 복사 에너지의 세기는 복사 파장과 물체의 온도에 따라서 달라진다. 이것이 19세기 말까지만 해도, 실험실에서 많이 관찰되었지만 이론적으로는 제대로 규명되지 않았던 '흑체복사'이다.

이것을 이론적으로 명쾌하게 설명할 수 있었던 사람은, 독일 이론물리학 교수였던 플랑크(Max Planck)이다. 그는 1900년 독

플랑크
(1858~1947)

아인슈타인
(1879~1955)

일 물리학회에서 '에너지 양자'가 주파수[13]에 비례한다는 새로운 '양자가설'을 주장했다. '에너지가 연속적이 아니고 불연속적'이라는 그의 '에너지 양자가설'은 고전물리가 지배하던 당시로써는 가히 혁명적인 아이디어였다. 그 아이디어는 '흑체복사이론'을 완성시키는 열쇠가 되었을 뿐만 아니라, 새로운 양자물리학의 시발점이 되었다.

20세기 초, 플랑크와 함께 '양자시대'를 탄생시키는 데 기여한 사람은 다름 아닌 아인슈타인(Albert Einstein)이었다. 그가 양자물리의 태동에 기여했던 '광전효과(photoelectric effect)'는 금속에 빛을 쪼이면 그 안에 속박되어 있던 전자가 빛에너지를 받아서 밖으로 튀어나오는 현상이다. 이러한 현상은 다른 과학자들에 의해서 이미 관측되었으나, 1905년에 이르러서야 플랑크의 양자가설에 힌트를 얻어 아인슈타인이 명쾌하게 설명할 수 있었다. 이것이 아인슈타인의 '광양자설'이다.

그에 의하면 빛은 알갱이 형태의 '광양자(빛의 양자)' 즉 '광자' 라는 입자로 구성되어 있으며, 광자의 에너지(E)는 빛의 주파수(f)에 비례하며, '$E=hf$'라는 것이다. 여기서 비례상수인 h는 '에너지 양자'의 개념을 맨 처음으로 도입한 플랑크의 이름을 따서 플랑크 상수라고 부른다. 따라서 빛의 주파수가 높으면 광자의 에너지도 크고, 주파수가 낮으면 광자의 에너지도 작아진다. 파장이 주파수에 반비례[14]하기 때문에 파장이 짧아질수록 광자의 에너지는 커지고, 길어질수록 에너지는 작아진다. 이 식은 단순해 보이지만 그 속에 많은 이야기들이 압축되어 있다. 어떠한 의미가 담겨있는지는 앞으로 차근차근 살펴볼 것이다.

'$E=hf$', 이 얼마나 아름다운 식인가!

대학 도서관에 비치된 책 분량 정도의 무수한 이야기가 이 안에 모두 함축되어 있다고 한다면 지나친 과장일까? 위 식은 간결하지만 메시지는 선명하다. 그 메시지는 목숨을 걸고 상소하던 조선시대의 선비들처럼 묵직하고 단호하다. 청아하고 울림이 있다. 양자역학이 '$E=hf$'라는 식으로부터 출발했다고 생각할 수도 있고, 이 식이 빛이 파동이기도 하지만 입자라는 것을 의미하는 식이기도 하니, 이 얼마나 위대한 식인가.

이렇게 플랑크와 아인슈타인은 간단한 식 하나로 '양자시대'와 함께 '광자시대'의 도래를 알렸다.

지금 우리 주변을 한번 둘러보라. 어느 기기 하나라도 양자의 소산물이 아닌 것이 있는지, 광자의 소산물이 아닌 것이 있는지. 컴퓨터, 휴대폰, 텔레비전, 인터넷, 로봇, 디스플레이, 가로등, 자동차 그리고 우리들의 생각까지도.

위에서 설명했듯이 금속 표면에 광자를 하나 입사시키면 전자가 하나 방출된다. 이러한 '광전효과'가 금속에서만 일어나는 현상이 아니다. 반도체에서도 많이 일어난다. 요즘에는 반도체가 금속보다 광자들에게 더 인기가 많다. 그렇기 때문에 광자들이 지금 여러 분야에서 맹활약하는 장소는 주로 반도체이다. 그런데 반도체에 광자들이 입사하면 어떠한 일이 벌어질까? 에너지가 반도체의 에너지갭보다 더 큰 광자들이 반도체에 입사하면 '광전효과'에 의해서 전자들이 방출된다. 이러한 원리를 이용한 반도체 소자에는 광통신용으로 개발된 반도체 수광소자들[15]이 있다.

그 밖에도 광자들이 참여하여 활약하는 반도체 소자들이 있다. 이미 2.2절에서 언급했듯이 반도체에 적당히 구조물을 만들어 주어서 전자와 정공을 그곳에서 떼로 만나게 해주면 광자들을 방출하는 반도체 발광소자[16]가 된다. 이렇게 여러 분야에서 '슈퍼스타'로 활약하는 광자들에게 반도체는 고향이고, 일터고, 놀이터나 다름이 없다. 그곳에서 광자들은 태어나고 또 사라진다. 그곳에서 입자로서 때로는 파동으로서 다양한 일을 맡아서 수행한다. 그들에게 무지갯빛 날개를 달아주고 하늘을 날게 하는 것은 순전히 반도체의 공로이다.

그럼, 여기서 광자들이 반도체에서 어떻게 생성될 수 있는지 좀 더 살펴보자. 간단히 개념 위주로 설명해 보겠다. 앞에서 언급했듯이 우선 반도체 다이오드에 적절한 방향으로 전압을 인가해서 전류가 반도체에 공급되도록 해줘야 한다. 전류를 공급한다는 것은 전자들을 상층 전도대역으로 모이게 한다는 의미이다. 이렇게 전자들이 전도대역에 모이게 되면 그 즉시, 물이 자연히 높은 곳에서 낮은 곳으로 떨어지는 것처럼, 낮은 가전자대역으로 떨어지면서 〈그림 2〉 (b)와 같이 광자가 방출된다. 이때 광자의 에너지[17]는 반도체의 에너지갭(E_g)과 같다. 다시 말해서 에너지갭이 큰 광 반도체 다이오드일수록 반도체에서 나오는 광자의 에너지가 크다. 즉, 짧은 파장 또는 큰 주파수의 빛을 방출한다. 이것은 수력 발전에서 낙차가 큰 물일수록 위치에너지가 더 커서 바닥으로 떨어질 때, 더 큰 전기에너지를 생산하는 원리와 같다.

그런데 반도체마다 에너지갭이 다르다. 따라서 청색빛에서부터 적외선까지 우리가 원하는 색깔의 빛이나 광자를 방출하는 발광 다이오드(LED)나 반도체 레이저(LD)를 구현하기 위해서는 우선 적당한 에너지갭을 가진 반도체 재질을 선택해야 한다. 예를 들어서 에너지갭이 1.4eV인 갈륨비소(GaAs)로 LED를 제작하면 적외선 광자를 방출하는 LED를 구현할 수 있고, 에너지갭이 좀 더 큰 3.4eV인 질화갈륨(GaN)을 재질로 사용하면 적외선 광자보다 힘이 더 센 청색 광자를 내뿜는 LED를 구현할 수 있다.

아래에 예시되어 있는 시, 「댄싱 퀸」에서는 '$E=hf$'가 수식이라기보다는 오히려 강력한 '시어' 또는 '시 문장'으로 사용되었다. 시에서 '$E=hf$'를 3번 반복한 것은 수식의 단순한 반복이 아니다. 빛이 파동이면서 입자이며, 양자의 전성기와 함께 새로운 '광자의 시대'가 도래했으니, '광자의 시대'에 살고 있는 우리 현대인들에게 '어서 깨어나라'고 거듭거듭 외치는 환유적인 표현이다. 메시야가 곧 올 것이라고 요한이 광야에서 외치는 소리처럼, 고전역학의 시대는 지나가고 양자역학의 시대가 도래했으니 잠에서 깨어나라고 외치는 메시지가 아니겠는가? 지금 우리는 양자의 바다에 살고 있다. 주변은 온통 광자의 소산물로 넘실거린다.

그들은 이른 아침부터 짹짹거리며 창문을 두드린다.

통 통 통
$E = hf \quad E = hf \quad E = hf$

그들은 날마다 멀리서 포르르 날아온다. 한 마리 두 마리 아니 천문학적 숫자이다. 그들은 마당 위로 이리저리 뛰어다닌다. 그들은 어둠의 조각들을 쪼아 먹는다. 그들은 지상에서 온종일 뒹구는 아이. 붉은 놈보다 푸른 놈이 힘이 더 세다. 그들은 철새들처럼 떼로 몰려다닌다. 그들은 떨림의 덩어리들. 공연은 맛보기.

그들은 빛이 닿는 곳마다 빠르게 무리 지어 날아간다. 세상은 그들의 몸짓과 빛깔로 물결친다. 그들은 암호화된 군무. 그들은 휴대폰만 열어도 떼구루루 쏟아져 나온다. 타고난 춤꾼들. 그들은 세상 이야기를 맥박 속에 숨겨 놓거나, 옷의 색깔

속에 묻어 두거나, 심지어는 편협한 생각 속에 가두어 놓았다가 꺼내서

춤을 춘다,

너와 나의 삶의 한 장면 한 장면마다.

-「댄싱 퀸」 전문, 『아담의 시간여행』

C=1/√εμ
Optical wave
HOLOGRAPHY
Ψ
SOURCE
FRAUNHOFER
4%

03

이상한 아이들의 정체

● 빛의 원천은 무엇인가?

전자기 이론에 따르면 전자기파는 '불균일하게 운동하는 전하'로부터 방출된다. 여기서 전하의 '불균일 운동'에는 가속도 운동, 회전 운동, 진동 운동이 포함된다. 선형 가속기를 통해서 전하를 등가속도 운동을 시키거나, 싱크로트론에서 전자나 양전자를 회전 운동시키는 것도 엑스선이나 자외선과 같은 전자기파를 얻기 위함이다. 우리 주변에서 흔히 볼 수 있는 빛(가시광선)도 원자의 '진동 운동'으로부터 나오는 전자기파의 일종이라고 볼 수이다. 외부로부터 원자가 빛을 받으면 고전적인 진동자처럼 음전하인 전자와 양전하인 원자핵이 상하 또는 좌우로 진동하면서 빛을 복사한다. 분자도 원자처럼 '진동 운동'하거나 '회전 운동'하면서 적외선을 복사한다.

라디오나 TV의 송신 안테나를 예를 들어보자. 안테나에 교류전류를 흘려주면 자유전자가 안테나선을 따라서 상하로 진동하면서 전자기파가 송출되어 멀리 전파된다. 우리가 방송을 수신할 수 있는 것은 방송국에서 보내오는 라디오파나 마이크로파를 라디오, TV 또는 자동차에서 수신 안테나로 받을 수 있기 때문이다.

이렇게 라디오파, 마이크로파, 적외선, 가시광선, 자외선, 엑스선 등 모든 전자기파는 '불균일하게 운동하는 전하'로부터 발생한다고 볼 수 있다.

제임스 맥스웰
(1831~1879)

빛도 전자기파의 일종이라는 것을 이론적으로 규명한 사람은 영국의 물리학자 제임스 맥스웰(James Maxwell)이다. 그는 전기와 자기에 대한 기존의 실험식들을 모으고 정리하여 네 개의 맥스웰 방정식으로 나타냈다. 그리고 이 방정식들을 풀어서 전자기파의 속도가 빛의 속도[1]와 일치한다는 것을 보임으로써 빛도 전자기적 '파동'이라는 것을 명확히 했다.

앞에서 언급한 고전적인 전자기 이론에서는 빛의 발생 원인이 '불균일하게 운동하는 전하'에 있다고 했다. 하지만 원자에서의 '빛의 방출'은, 전자가 외부로부터 에너지를 공급받아서 일단 높은 에너지 레벨로 떠 있다가 바닥으로 떨어지면서, 빛에너지를 방출하는 양자역학적인 현상으로 설명한다. 이때 떨어지는 에너지 레벨의 낙차가 작으면 근적외선이, 보통이면 가시광선이, 크면 자외선이 방출된다. 낙차가 아주 커서 원자핵 근처로 깊숙이 떨어지면 엑스선이 발생한다. 한편 감마선은 원자핵의 전이에 의해서 방출된다. 따라서 감마선을 제외하면 에너지는 엑스선이 가장 크고, 그다음은 자외선, 빛(가시광선), 적외선 순이다.

빛은 파동이며 입자이다

위에 등장한 전자기파들을 파장의 길이 순으로 나열하면 라디오파, 마이크로파, 적외선, 빛, 자외선, 엑스선, 감마선 순이며, 진동 주파수의 크기 순으로 나열하면 반대가 된다. 이들 중에서 우리가 특별히 관심을 갖는 것은 빛이다. 그렇다면 빛은 과연 무엇일까? 이미 우리는 빛이 전자기파의 일종이며, '파동'이라는 것을 알고 있다. 따라서 파장이 650nm인 붉은빛이라면, 빛의 파동, 즉 '광파(optical wave)'는 초당 460조 번을 빠르게 진동하면서 한 곳에만 몰려있지 않고 널리 퍼져나간다. 이때 진행하는 광파의 속도는 진공 중에서의 전자기파의 속도와 같다. 이러한 특징을 갖고 있는 빛은 틀림없이 파동이다.

그러나 빛은 파동의 성질만 가지고 있는 것은 아니다. 왜 그럴까? 앞에서 전자가 외부에서 에너지를 받으면 들떠 있다가 낮은 에너지 준위로 떨어지면서 빛에너지를 방출한다고 했다. 이와 같이 전자가 높은 에너지 준위에서 낮은 에너지 준위로 전이할 때 '빛을 방출하는 현상'은, 빛이 '광자'라는 '입자' 덩어리, 즉 광양자라고 봐야 이해할 수 있다. 이러한 현상과 함께 '빛의 흡수' 그리고 '광전 효과'는 '빛의 입자성'을 뒷받침해 주는 빛의 현상들이다.

따라서 우리가 빛을 다룰 때 빛의 두 가지 모습을 다 들여다보아야 한다. 다시 말해서 우리는 항상 빛에 입자와 파동의 두 모습이 있다는 것을 기억하고 있어야 한다. '빛의 파동'인 광파의 문제를 다루면서도 입자의 성질을 염두에 둬야 하듯이, '빛의 입자'인 광자를 취급하면서도 광자에게 파동의 성질이 있다는 것을 절대로 잊어서는 안 된다.

그동안 많은 과학자들에 의해서 광파 또는 광학이라는 이름으로 '파동으로서의 빛 이야기'가 주로 다루어져 왔다. 여기서는 '입자로서의 빛 이야기', 다시 말해서 '광자 이야기'에 초점을 맞춰서 빛 이야기를 전개하려고 한다. 특히 이 이야기가 반도체에서 두 '작은 공룡'인 전자와 정공이 만나서 사랑을 하다가 낳은 '어린 천사', 즉 광자의 이야기라는 사실을 잊지 말자. 이 이야기를 좀 더 재미있게 하기 위해서, 등장하는 모든 입자들에게 인격을 부여하였음을 재차 언급한다.

그렇다면 광자, 그들이 어떠한 아이들인지 살펴보도록 하자.

3.1 유령 닮은 마술을 부리는 아이들

'광자'라는 아이는 어떻게 생겼을까?

전자도 원자핵도 쿼크도 무게가 있지만, 광자는 무게가 없다. 크기도 없다. 본 사람이 없으니 형태도 알 수 없다. 그러나 그는 운동을 하고 에너지도 갖고 있다. 그가 일단 달리면 1초에 지구를 일곱 바퀴 반씩이나 도는데, 아무도 그를 추월하지 못한다. 그것은 우주의 불문율이다. 누구는 그가 '파동' 같다고도 하고 누구는 그가 '입자'를 닮았다고도 한다. 태초부터 있었으며 우리와 항상 같이 살고 있지만 아무도 그를 전부 밝혀낼 수 없었다. 그를 알기 위해서 뉴턴(Isaac Newton)도, 맥스웰도, 아인슈타인도 평생을 보냈고, 광학, 전자기학, 양자역학 등 관련 학문 분야의 서적들이 도서관에 넘쳐나지만 여전히 신비한 존재로 남아 있다.

앞서 언급했듯이 '빛의 입자성'은 아인슈타인이 '광전효과'를 발견함으로써 확실히 밝혀졌다. 아인슈타인에 의해서 '빛의 입자성'이 밝혀지기 이전에는 이미 '빛의 파동성'과 관련된 간섭과 회절 같은 현상들이 여기저기에서 많이 관측되었고, 호이겐스(Christiaan Huygens), 토머스 영(Thomas Young), 그리고 프레넬(Augustin Fresnel)에 의해서 과학적으로 규명된 바 있다.

여러 가지 빛과 관련된 현상 중에는 파동의 옷을 입혀야 쉽게 설명될 수 있는 것들이 있다. 앞에서 언급한 바 있는 간섭과 회절 그리고 편광이 바로 그런 것들이다. 잠깐! 광자에 '파동의 옷'을 입히면 마술이 보인다고? 어떠한 마술들이 있는지 잠시 그 마술들을 보러 가자.

마술 1: '간섭'이라는 마술

간섭으로 광자들이 사라진다

우리가 주변에서 흔히 볼 수 있는 현상으로 간섭 현상이 있다. 비가 내린 뒤 빗물 위에 떠 있는 얇은 기름띠 무늬나, 풍선처럼 떠다니는 비눗방울이 바로 그것이다. 이것들이 특별한 것은 우리가 보는 각도와 위치에 따라서 색깔이 달라진다는 것이다. 이러한 현상이 어떻게 일어날까? 기름띠 무늬의 경우를 예로 들어보자. 우선 이 현상은 기름막으로 햇빛이 입사할 때 기름막의 표면에서 반사되는 광자 무리와, 기름막 안으로 들어간 다음 기름막 바닥에서 반사되는 광자 무리가 서로 간섭해서 생긴다. 이러한 간섭 현상을 좀 더 자세히 알아보자.

빛의 간섭 현상은 빛을 파동으로 보면 이해하기 쉽다. 그렇다면 파동이란 무엇인가? 간단히 말해서 진동하면서 퍼져 나가는 현상이 파동이다. 우리 주변에는 온갖 종류의 파동들로 가득 차 있다. 찜통더위 속에서 밤낮으로 울어대는 매미의 소리에서부터, 휴대폰이나 TV에서 나오고 들어가는 전파들과 인터넷 광케이블을 통해서 달리는 광파(optical wave, 빛의 파동)를 포함해서, 하늘에서 무수히 쏟아져 내리는 별빛까지 모두 파동이다. 심지어 우리 몸을 구성하고 있는 분자와 신체의 장기들조차도

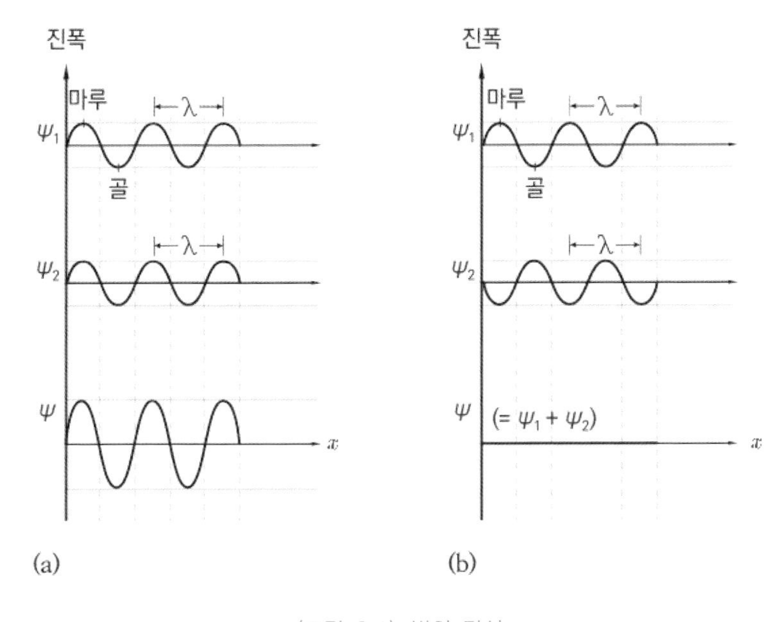

〈그림 3.1〉 빛의 간섭

(a) 보강간섭. 두 파동의 마루와 마루가 일치하면 파동의 진폭이 2배가 된다. 이때 빛은 밝아진다. (b) 상쇄간섭. 두 파동의 마루와 마루가 완전히 어긋나면 상쇄간섭으로 진폭이 0이 되고 파동은 사라진다. 이 경우 빛은 어두워진다.

그들 고유의 진동수로 떨고 있기 때문에 우리는 지금 다양한 파동들과 함께 살아가고 있는 셈이다. 이들 파동들은 대개 복잡한 형태를 취하고 있으나, 여기서는 이들 파동을 간단히 사인 함수[2]로 나타냄으로써 간섭 현상을 설명해 보도록 하겠다.

우선 x-방향으로 진행하는 파동이 있다고 할 때, 이 파동의 진동하는 모습을 어느 시점에서 나타내 보면 〈그림 3.1〉과 같다. 이 그림으로부터 우리는 파동 Ψ_1과 Ψ_2의 진폭이 위치에 따라서 골(최소점)과 마루(최고점) 사이에서 오르락내리락 반복적으로 진동하면서 진행한다는 것을 알 수 있다. 만일 파장(λ, 마루와 마루 사이의 길이)과 진폭이 동일한 두 파동(Ψ_1, Ψ_2)을 중첩시키면 어떻게 될까? 그림과 같이 두 가지 경우가 있다. 〈그림 3.1〉 (a)은 두 파동의 마루와 마루(또는 골과 골)가 일치하여[3] 파동의 진폭이 2배가 되는 경우이고. 〈그림 3.1〉 (b)는 두 파동의 마루와 마루가 완전히 어긋나서[4] 파동이 사라지는 경우이다. 우리는 전자와 같은 간섭 현상을 '보강간섭'이라고 부르고, 후자를 '상쇄간섭'이라고 한다. 이렇게 파동이 서로 일치하느냐 어긋나느냐에 따라서 파동이 더 커질 수도 있고 사라질 수도 있는 것이다. 이것이 간섭 현상의 기본 개념이다.

광자들끼리의 간섭도 마찬가지이다. 색깔이 같은 두 광자 무리를 서로 간섭시킨다고 하자. 여기서 색깔이 동일하다는 것은 '모든 광자들이 색깔 고유의 주파수 혹은 진동수만큼 1초마다 진동한다'는 것을 말한다. 그런데 두 광자(광자 무리)가 합해질 때 앞에서 설명했듯이 두 가지 극단적인 경우가 있을 수 있다. 하나는 두 광자의 진동이 완전히 일치하는 경우이고, 다른 하나는 완전히 어긋나는 경우이다. '완전히 일치하는 경우'는 광자1(Ψ_1)과 광자2(Ψ_2)의 호흡이 맞아서 그 결과로 〈그림 3.1〉 (a)와 같이 마루는 더 높고 골은 더 깊어져서 큰 파동이 되고, '완전히 어긋나는 경우'는 광자1의 마루와 광자2의 골이 서로 상쇄되어 〈그림 3.1〉 (b)처럼 소멸되거나 작은 파동이 된다. 이렇게 두 광자를 완전히 서로 어긋나게 간섭을 시켜주어서 광자1이 마루(골)일 때 광자2가 정반대로 골(마루)이 된다면 광자들은 소멸될 것이다.

따라서 두 광파를 중첩시키면 간섭의 결과로 빛이 밝아질 수도 있고 빛이 어두워지거나 아예 사라질 수도 있다. 빛의 세기는 광파의 제곱에 비례하므로, 두 광자 무리를 어떻게 간섭시키느냐에 따라서 광자 무리들이 완전히 사라질 수도 있고, 광자 무리들의 세력이 2제곱(4배)으로 늘어날 수도 있는 것이다.

주파수가 같은 광자 두 무리가 서로 더해질 때, '호흡이 어긋나면' 완전히 사라질 수도 있고, '호흡이 일치하면' 2제곱으로 늘어날 수도 있다니, 놀라운 일이다. 이러한 현상을 어찌 보면 신비로운 일로 생각할 수도 있지만 우리 삶에서 흔히 일어나는 일이다. 두 무리가 서로 호흡이 어긋나서 늘 싸운다고 가정해 보라. 두 무리를 합해 놓으면 그들 세력의 힘이 오히려 한 무리의 힘보다 점점 줄어들다가 소멸될 것이다. 그러나 그들이 일치단결하여 손을 맞잡으면 힘이 두 배가 아니고 그 이상으로 늘어날 수 있는 것이다.

간섭으로 색깔을 조절한다

다시 물 위에 떠 있는 기름띠의 문제로 돌아가 보자. 비가 오고 나서 햇빛이 날 때 물 위에 떠 있는 기름띠를 본 적이 있는가? 아마도 우리는 누구나 기름띠를 보았을 것이다. 그리고 바라보는 각도에 따라서 기름띠의 색깔이 달라지는 것도 경험했을 것이다. 물론 이러한 현상도 위에 기술한 간섭 현상으로 설명할 수 있다.

우선 기름막으로 입사하는 햇빛이 있고 여기에 다양한 색깔의 광자들이 포함되어 있다고 하자. 이들 광자들 중에는 기름막에서 반사하여 우리 눈에 들어오는 각기 경로가 다른 두 가지 광자 무리가 있다. 한 무리는 기름막의 표면에서 바로 반사하는 광자 무리이고, 다른 한 무리는 기름막 안으로 들어간 다음 기름막의 바닥에서 반사하는 무리이다. 이 두 무리들이 간섭하여 우리 눈에서 합해질 때 우리는 기름막의 색깔을 보게 되는 것이다. 만일 두 무리들 간의 경로차[5]가, 파장의 정수배가 되면 두 무리 사이에 진동 또는 호흡이 〈그림 3.1〉 (a)와 같이 '완전히 일치'하게 되고, 반 파장만큼 차이가 나면 〈그림 3.1〉 (b)처럼 완전히 어긋나게 된다. 따라서 두 빛의 무리들이 서로 중첩될 때, 경로차가 파장의 정수배가 되면 빛이 밝아지고(보강간섭), 반대로 반 파장만큼 차이가 나면 빛이 어두워진다(상쇄간섭).

다시 말해서 특정한 어떤 색깔에서 경로차가 파장의 정수배가 되는 조건[6]이 되면, 그 색깔의 광자들만이 빛의 세기가 강해져서 우리 눈에 확 띄게 된다. 그러나 나머지 색깔의 광자 무리들은 중첩될 때 어긋나기 때문에 빛이 약해져서 우리 눈에 잘 보이지 않는다. 이제 경로차에 따라서 색깔이 다르게 보이는 이유를 알았다. 그렇다면 경로차는 무엇에 따라서 달라질까? 바로 우리가 보는 각도와 기름막의 위치에 따라서 달라진다. 이러한 이유 때문에 기름막의 색깔이 보는 각도에 따라서 달라지는 것이다. 아이들이 갖고 노는 비눗방울이 보는 각도에 따라서 색깔이 달라지는 것도 이와 같은 원리이다.

이렇게 보는 각도에 따라서 색깔이 달라져 보이다니 광자의 세계는 참으로 신기한 세계가 아닐 수 없다.

영의 실험에서 이상한 행동을 보이는 광자들

빛이 파동이라는 것을 명쾌하게 밝힌 실험 중 하나가 '영의 이중 슬릿 실험'이다. 영국의 천재 과학자인 토머스 영(Thomas Young)은 두 개의 슬릿이 뚫려 있는 검정 차단막에 빛을 비추고 두 슬릿으로부터 일정 거리에 있는 백색 스크린을 관찰했다. 그는 스크린 위에 나타난 밝고 어두운 무늬가 두 슬릿으로부터 나온 두 파(wave, 파동)의 중첩 때문이라고 생각했다. 분명히 스크린 위에 있는 밝은 무늬는 두 파 사이의 보강간섭이 원인이고, 어두운 무늬는 상쇄간섭으로 인해서 생긴다. 〈그림 3.2〉에 있는 스크린 위의 P점에서 간섭무늬(간섭패턴)가 어두운 것은 두 파가 그곳에서 상쇄간섭이 일어나기 때문이고 Q점이 밝은 것은 보강간섭 때문이다.

토머스 영은 이 실험을 통해서 빛이 파동이라는 것을 명쾌하게 입증하였다. 또한 이 실험은 전자의 파동성을 증명한 실험이기도 하다.

지금까지 꽤 많은 과학자들에 의해서 '영의 이중 슬릿 실험'이 수행되어 왔다. 그 중에는 소스(source of electrons)로부터 방출되어 나오는 전자를 하나씩 이중 슬릿[7]에 입사시켜 가면서 스크린 위를 천천히 관찰하는 실험도 포함된다. 이 실험에서 전자들이 어떠한 행동을 보이는지 한번 살펴보자.

우선 2개의 슬릿을 모두 열어 놓고 전자를 하나씩 이중 슬릿에 천천히 입사시켜가면서 스크린 위에 도착한 전자들의 분포를 오랫동안 관찰해 보면 어떤 분포가 관측될까? 전자가 입

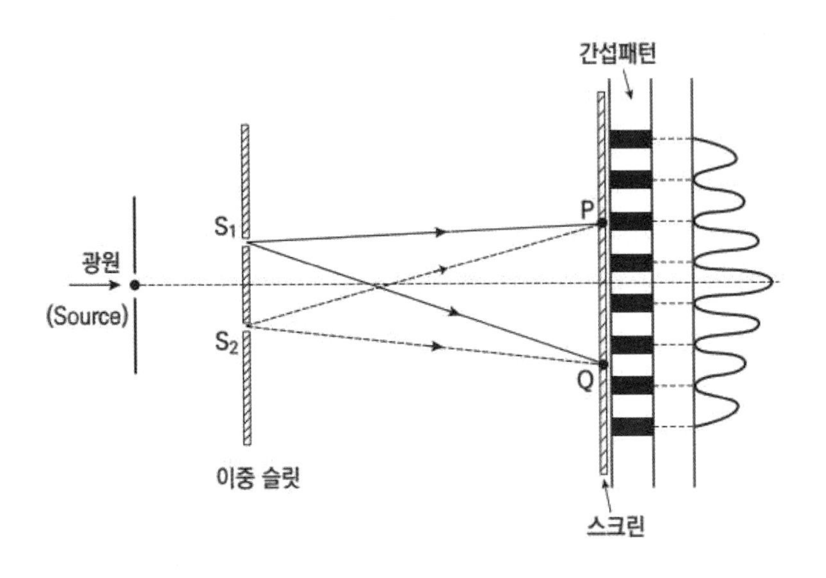

〈그림 3.2〉 영의 이중 슬릿 실험

슬릿 S_1에서 나온 파와 슬릿 S_2에서 나온 파가 스크린 위에서 중첩되면 간섭무늬가 나타난다. 밝은 부분은 보강간섭이 있는 곳이고, 어두운 곳은 경로차 ($\overline{S_1P}-\overline{S_2P}$)가 반파장이 되어서 상쇄간섭이 일어나는 위치이다. 어두운 곳은 검정색으로 밝은 부분은 흰색으로 표시했다. 점 P는 상쇄간섭이, 점 Q는 보강간섭이 일어나는 위치를 나타낸다.

자이기 때문에 두 슬릿 앞쪽에만 소복이 쌓여 있을까? 고전적인 사고방식으로는 누구나 그렇게 생각되지만 실험 결과는 우리의 예상과 전혀 다르다. 놀랍게도 빛에 대한 '영의 이중 슬릿 실험'과 같은 간섭무늬의 전자 분포가 스크린 위에 나타나는 것을 확인할 수 있다.

이때 만일 한쪽 슬릿을 막으면 간섭무늬는 사라지고 나머지 한쪽 슬릿 앞쪽에만 전자들이 수북이 모이게 된다. 이것은 우리가 쉽게 예상할 수 있는 일이다. 그러나 어느 슬릿을 통과하는지 알아보기 위해서 두 슬릿을 열어 놓은 채 한쪽 슬릿 근처에 살짝 측정기를 놓고 실험을 해도 간섭무늬가 사라진다. 이렇게 간섭무늬가 생기다가도 전자의 존재를 확인하려고 들면 간섭무늬가 귀신처럼 사라진다. 이러한 현상은 '전자' 대신 '광자'를 이중 슬릿에 입사시켜 가면서 '영의 실험'을 해도 관찰된다.

여기서 우리는 이 신비한 현상들을 두고 여러 가지 의문들을 갖게 된다. 우선, 어느 슬릿을 통과하는지 관측하는 순간, 간섭무늬가 사라지는 이유는 무엇일까? 입자와 파동의 모습을 모두 지니고 있다가 관측하는 순간 파동의 모습을 버리고 본래의 입자의 모습으로 나타나는 것일까? 아니면 몰래 양쪽 슬릿으로 통과하다가 들킨 것일까?

파인먼(Richard Feynman)은 그의 저서(The Feyman Lectures of Physics, 1965)에서 이러한 현상이 하이젠버그의 '불확정성 원리'[8]에서 기인한다고 말한다. '간섭 패턴에 영향을 미치지 않게 하면서 동시에 어느 슬릿을 전자가 통과하는지 정확하게 측정할 수 있는 계측 방법은 없다.' 다시 말해서 어느 슬릿을 통과하는지를 측정하기 위해서 계측기를 사용하면 전자에 영향을 주어 간섭 패턴이 사라진다는 것이다.

리처드 파인먼
(1918~1988)

또 다른 질문을 해보자. 광자(또는 전자) 하나를 이중 슬릿을 향해서 입사시킬 때 광자는 두 개의 슬릿 중에서 어느 슬릿을 통과할까? 첫 번째 슬릿을 통과할까, 두 번째 슬릿을 통과할까? 아니면 폴 디랙이[9] 남긴 말처럼 광자가 자기 자신과 간섭하기 위해서 몸을 쪼개서 첫 번째와 두 번째 슬릿을 모두 통과할까?

'광자'는 빛을 더 이상 작게 쪼갤 수 없는 최소 단위이다. 따라서 광자 하나가 나뉘어 두 개의 슬릿으로 동시에 갈 수는 없다. 그렇다면 이러한 간섭 현상을 어떻게 해석해야 할까? 광자를 포함해서 전자나 양성자, 그리고 쿼크와 같은 미립자 세계, 즉 양자 세계에서는 입자를 '파동함수'로 나타낸다. 쉽게 말해서 입자가 파동의 성질을 갖고 있다는 뜻이다. 따라서 이것은 입자가 어느 한 곳에만 국한되어 있지 않고, 물결처럼 사방으로 퍼져 나가 있어서 어느 장소에서도 발견될 수 있다는 것을 의미한다. 이렇게 입자를 파동으로 보면 입사하는 입자가 두 슬릿에 모두 존재할 확률도 있고 위의 이상한 간섭 현상들도 충분히 짐작할 수 있을 것이다.

광자에 '파동의 옷'을 입히면 또 다른 마술이 보인다고?

어떤 마술인지 한번 들여다보자.

마술 2: '회절'이라는 마술

막힌 곳에 틈이 있으면 나타난다

방안에 켜놓은 라디오 소리를 거실에서 들을 수 있는 것은 음파가 방문 틈으로 회절되어 나오기 때문이다. 빛을 포함하여 모든 전자기파는 이처럼 틈이나 장애물을 만나면 휘어져서 나가는데, 이러한 현상을 '회절'이라고 한다. 회절은 파장의 길이가 틈에 비해서 길수록 잘 일어난다. 자동차 리모컨에서 적외선 대신 전파를 사용하는 이유는 전파의 파장이 적외선보다 길어서, 중간에 장애물이 있어도 신호가 우회하여 목적지에 도달할 수 있기 때문이다.

광자에게 회절은 무엇을 의미할까? 장애물이 없이 뻥 뚫린 공간에서 빛이나 입자는 직진한다. 어떤 광원(optical source) 앞에 작은 구멍을 제외하고는 모두 꽉 막혀 있는 벽이 있다고 하자. 그러면 광원에서 방출되는 광자들은 '입자의 직진성' 때문에 구멍이 뚫린 곳에만 환하고 벽으로 막힌 다른 공간은 광자들이 도달할 수 없어서 어두워야 한다. 그러나 벽에 아주 작은 구멍이 하나만 있어도 막혀 있는 벽 뒤의 공간이 어둡지 않다. 이것은 빛의 회절 현상으로 인해서 벽 뒤에도 광자들이 물결처럼 퍼져 나가 있기 때문이다.

그런데 여기서 한 가지 궁금한 점이 있다. 광원에서 나와 벽의 구멍에서 회절된 광자들은 어디로 얼마씩 가 있을까? 혹시 어떤 특별한 분포를 하고 있지는 않을까? 그렇다! 스크린을 놓고 광자들의 분포 패턴을 관측해 보면 어떤 규칙이 있다는 것을 알 수 있다. 간단히 말해서 광자들은 구멍의 형태에 따라서 고유의 어떤 회절 무늬를 그린다. 이 이야기는 광자들이 그리는 회절 무늬가 그들이 지나온 구멍의 형태를 우리에게 은유적으로 알려주는 독특한 소통 방식일 수도 있다는 것을 말해준다. 예를 들어, 원형 구멍에 대한 회절 무늬는 중앙에 가장 밝은 원형 반점이 있고 그 주변으로 어둡고 밝은 원형 고리 무늬가 반복적으로 나타난다[10].

작은 구멍만 있어도 귀신처럼 막힌 곳을 돌아서 나가는 녀석들! 그러면서도 자기가 지나온 곳에 대한 정보를 은유적으로 발설하는 귀여운 녀석들! 그들의 이러한 성질은 바로 '빛의 파동성'에서 나온다.

마술 3: '복사압'이라는 마술

무게가 없어도 힘을 가한다

광자는 질량이 없다.

그래도 물체에 압력을 가할 수 있다.

이것이 어떻게 가능할까? 유령일까? 마술사일까?

빛이 물체에 부딪치면 물체에 압력이 가해진다. 이것을 '복사압(radiation pressure)'이라고 한다. 일찍이 독일의 천문학자 케플러(Johannes Kepler)는 1619년 혜성의 꼬리가 태양과 반대 방향으로 나타나는 현상이, 태양의 빛알갱이들에 의한 '복사압' 때문이라고 생각하고 있었다. 그러나 실제로 복사압을 이론적으로 명쾌하게 설명한 최초의 사람은 맥스웰이다. 복사압은 '광자의 전자기파'가 물체 표면에 입사할 때 물체에 있는 전하에 힘[11]이 작용함으로 인해서 발생한다.

태양으로부터 지구 표면에 미치는 복사압은 $4.7 \times 10^{-6} N/m^2$으로 지구의 대기압[12]에 비하면 지구에서는 무시할 정도이지만, 아무 힘도 미치지 않는 우주 공간에서는 무시할 수 없는 힘이다. 우주 탐사선에 실제로 금속막으로 된 태양돛을 다는 것은 태양빛의 복사압을 이용하여 항해하기 위해서이다. 유령처럼 무게도 없고 보이지도 않는 광자가 우주선에 힘을 가해서 우주 공간을 날아다니게 할 수 있다니 놀라운 마술이라고 아니할 수 없다.

고출력 레이저에서 나오는 빛을 한 점에 모으면 매우 큰 복사압을 얻을 수 있다. 이러한 레이저 복사압은 입자를 가속하고, 작은 물체를 부양하거나, 원자를 포획하는 등 다양한 분야에서 활용되고 있다.

3.2 4퍼센트의 아이들

밤에는 유리창이 거울이 된다

낮에 우리는 방안에서 유리 창문을 통해 '밖의 경치'를 바라볼 수 있다. 그러나 캄캄한 밤에 방안에 불을 켜놓고 유리창 앞에 서 있으면, 밖의 경치 대신 마치 유리창이 거울인 양 '자신의 모습'을 비추고 있는 것을 보게 된다. 물론 유리창 뒷면에 반사막을 입히지 않은 보통 유리창인데도 말이다. 왜 이러한 현상이 일어날까?

이 현상을 이해하기 위해서는 프랑스의 물리학자 프레넬이 유도한 프레넬 방정식[13]을 살펴봐야 한다. 이 식으로부터 우리는 빛이 공기 중에서 수직으로 유리에 입사할 때 얼마나 유리에서 빛이 반사될지를 유리의 굴절률을 알면 계산할 수 있다. 여기서 매질의 굴절률은 진공 중에서의 빛의 속도와 매질에서의 빛의 속도의 비로 정의된다. 따라서 굴절률이 큰 매질일수록 그 속에서의 광속은 줄어든다. 진공 안에서의 빛의 속도가 공기 중에서의 빛의 속도와 거의 같기 때문에 공기의 굴절률은 대략 1이다.

우선 빛이 공기 중에서 유리에 수직으로 입사한다고 가정해 보자. 그러면 프레넬 방정식으로부터 대략 4퍼센트[14] 정도의 빛이 경계면에서 반사되고, 나머지 96퍼센트는 유리의 앞면을 투과한다는 것을 알 수 있다. 따라서 우리가 밤에 방안에서 유리 창문 앞에 서 있으면, 방안의 불빛 중에서 4퍼센트가 유리창의 앞면에서 반사되어 우리 눈에 들어온다. 밤에는 밖으로부터 창문을 통해서 방안으로 들어오는 빛이 거의 없기 때문에 그 정도의 빛으로도 유리창이 내 모습을 비춰주는 거울의 역할을 하기에 충분하다. 그러나 낮에는 창문에서 반사되는 빛보다는 밖에서부터 유리창을 통과해서 우리 눈에 들어오는 태양빛이 훨씬 더 강하기 때문에 유리창에 내 모습이 잘 나타나지 않는다.

입사하는 빛 중에서 4퍼센트가 반사된다는 것은 입사하는 광자들이 전부 유리창을 통과하지 못하고 유리창의 앞면에서 4퍼센트가 탈락한다는 것을 의미한다. 입사하는 광자들의 수가

100억 개라고 하면 4억 개 정도가 투과하지 못하고 반사된다는 것을 말한다. 똑같은 광자들 가운데 어떤 광자가 투과하고 어떤 광자가 탈락하는지는 아직까지도 수수께끼이다.

그런데 왜 하필 4퍼센트일까?

유리에서 반사되는 빛의 양은 유리의 굴절률에 따라서 달라진다. 유리의 굴절률이 1.5이면 4퍼센트가 반사되지만 굴절률이 1.5보다 더 크면 4퍼센트 이상이 반사된다. 물론 유리의 굴절률은 재질에 따라서 다르다. 그뿐만 아니라 같은 재질이라고 하더라도 파장에 따라서 다르다. 보통 광학 유리 중에서 가장 많이 사용되고 있는 크라운 유리(BK7)는 가시광선 영역에서 굴절률이 대략 1.5 정도이다. 따라서 이러한 재질로 만들어진 유리창으로 빛이 입사하는 경우, 입사하는 빛 중에서 4퍼센트 정도가 유리창 앞면에서 반사된다. 우리가 4퍼센트에 특별히 주목해야 할 만한 이유가 우리 주변에 또 있을까?

우주 암흑물질

지금 우리가 살고 있는 우주는 수많은 물질들로 채워져 있다. 그러나 입자 물리학자들에 의하면, 단지 4퍼센트 정도만이 우리가 알고 있는 물질들로 우주가 구성되어 있고, 우주의 나머지 대부분은 우리가 모르는 암흑물질이나 암흑에너지로 채워져 있다고 말한다. 우주의 대부분을 차지하고 있는 암흑물질은 중력에는 영향을 미치지만 빛을 포함하여 어떠한 전자기파에도 반응하지 않기 때문에 우리가 그것을 볼 수 없고 측정도 불가능하다. 그렇기 때문에 『4퍼센트 우주(The 4 Percent Universe)』의 저자, 파넥(Richard Panek)이 주장하는 것처럼 우리가 우주의 전부라고 생각하는 눈에 보이는 세상은 겨우 우주의 4퍼센트 밖에 안 될 수도 있다는 이야기이다. 놀랍고 경이로운 우주의 신비 앞에서 저절로 고개가 숙여질 뿐이다.

우주가 4퍼센트의 보이는 물질과 96퍼센트의 보이지 않는 물질로 되어 있듯이 우리들의 세상도 그렇다. 두 부류의 물질이 모두 우주에 필요한 것처럼 이 세상도 똑같다. 4퍼센트가 소수의 선택받은 지배 계층일 수도 있고 소외 계층일 수도 있다. 4퍼센트가 소수라고 해서 무시해서도 안 되고 96퍼센트가 보이지 않는다고 해서 그들의 숨은 역할을 부인해서도 안 된다. 4퍼센트도 96퍼센트도 모두 중요하다. 지금은 두 세상을 나누고 있는 경계면인 유리창에서 단지 4퍼센트 정도만이 반사되어 우리의 눈에 비춰지고 있지만, 앞으로 우리들의 지혜의 창문을 갈고 닦는다면 더 많은 미지의 존재들이 우리 눈에 비춰질 것이다.

4퍼센트는 유리층 속에서 공기층으로 빠져나가려 할 때도 발생한다. 이때도 96퍼센트의 광자들은 유리 안에서 밖으로 빠져나갈 수 있지만 나머지 4퍼센트의 광자들은 밖으로 빠져나가지 못하고 반사되어 유리 속에 갇히게 된다. 우리 사회 곳곳에도 이와 같이 소외되는 4퍼센트들이 있다. 우리가 몸담고 있는 분야가 사회, 경제, 교육, 예술, 과학 등 그 어느 분야든지 우리를 가로 막고 있는 창이 있다. 그곳에서 걸러지는 소외 계층들, 그들이 4퍼센트들인 것이다. 나라마다 여러 정책들을 통해서 이러한 창들을 깨려고 노력하고 있다. 그러나 미국에서 조차도 빈부의 격차는 줄어들기는커녕 심화되고 있으니 안타까운 일이다.

과연 우리 사회에 존재하는 이러한 창문을 깰 수는 없을까?

밖으로 드러나 있는 창문은 쇠망치로 깰 수 있을 것이다. 그러나 정신적인 창문은 깨기 어렵다. 아직도 우리들은 잘못된 편견을 갖고 있다. 학벌에 대해서, 직업에 대해서, 출생지에 대해서, 장애인에 대해서, 그 밖에도 수많은 편협한 편견들을 갖고 있다. 이들 편견들이 하나 둘 사라지는 날, 우리 마음의 눈을 가리고 있는 창들도 하나 둘 깨어질 것이다.

누구나 다음과 같은 실수를 한 적이 있을 것이다.

한밤중에 커튼을 치는 것을 잊은 채 불을 켜놓고 반나체로 방안을 돌아다니다가 황급히 불을 끈 적이 한번은 있었을 것이다.

한밤중에 조명등을 켜놓고 방안에 있으면 광자들이 우리 모습을 담아서 유리창을 통해 밖으로 탈출한다. 그때 마침 지나가는 행인이 있으면 그에게 속옷 차림의 우리 모습을 들키게 될 것이다. 이미 비슷한 경험을 해 본 사람이라면 실수를 인지하고 바로 불을 끌 것이다. 그러면 방안은 곧바로 어두워지고 광자들은 더 이상 조명등에서 나오지 않게 된다. 이미 방출한 광자들도 주변의 물질에 흡수되어 순식간에 사라질 것이다.

그렇다! 광자들은 우리들의 일거수일투족을 늘 감시하고 있다. 광자들에게는 비밀이 없다. '밤말은 쥐가 듣고 낮말은 새가 듣는다'는 속담이 있지만, 이들보다 더 조심해야 할 존재들이 있다. 바로 광자들이 그 주인공들이다.

취조실의 비밀

우리는 영화 속에서 범인이 종종 심문 받는 장면을 보게 된다. 범인은 취조실 안에 있는 의자에 앉아 있고 담당 형사는 테이블 맞은편에서 범인에게 죄를 자백하라고 협박과 회유를 반복한다. 취조실 밖에서는 다른 동료 형사들이 특수하게 제작된 유리창을 통해서 이 모습을 지켜보고 있다. 이렇게 밖에서 몰래 지켜보는 것은, 담당 형사가 놓치기 쉬운 범인의 심경 변화나 몸짓을 읽어냄으로써, 혹시라도 귀중한 단서를 얻어낼 수 있을까 하는 기대 때문이다.

안에서는 밖을 볼 수 없지만 밖에서는 안을 볼 수 있다니!

취조실의 비밀은 창문 유리에 있다. 취조실의 창문 유리는 입사하는 빛이 일부는 반사하고 일부는 투과할 수 있도록 만들어져 있다. 일반 거울은 유리 뒷면에 주로 금속으로 코팅을 두껍게 해서 거의 모든 빛이 유리 거울에서 전부 반사한다. 그러나 취조실 유리창은 일부 빛은 반사하고 일부는 투과하도록 유리 뒷면에 '부분 반사' 코팅을 해 놓는다[15]. 따라서 취조실 안팎이 환하게 불이 켜져 있다면 취조실 밖에서도 안을 볼 수 있을 뿐만 아니라 취조실 안에서도 밖을 볼 수 있다. 그러나 취조실 안에만 불이 켜져 있다면 안에서 밖으로 나가는 광자들은 있어도, 밖에서 안으로 들어오는 광자들은 없기 때문에 범인은 밖을 볼 수 없지만, 밖에 있는 관찰자들은 창문을 투과해서 나오는 광자들을 통해서 안을 들여다볼 수 있다.

다시 말해서 취조실 안에 있는 범인의 일거수일투족을 창문 밖으로 전달하기 위해서는, 실내의 불빛은 밝아야 하고 실외는 어두워야 한다. 놀이동산에서 운영되고 있는 '귀신이 출몰하는 집'들도 보통 이러한 원리를 이용한다. 이렇게 광자들이 취조실이나 놀이동산에서 맹활약하고 있다는 것은 전혀 놀랄 일이 아니다.

3.3 달리기 선수들에게도 규칙은 있다

누가 세상에서 제일 빨리 달릴까?

광자들은 달리기 선수들이다. 누구도 그들보다 더 빠르게 달릴 수는 없다. 그들은 달리고 또 달린다. 항상 달리지만 결코 지치지 않는다. 그러나 달리기 선수인 그들에게도 규칙은 있다. 누가 가르쳐주지 않아도 태어나자마자 아기들이 울고 기어 다니는 것처럼, 광자들도 특별히 교육을 받지 않고도 둥지[16]를 떠날 때부터 그들 나름의 규칙을 따라서 달린다.

그렇다면 광자들은 달릴 때 어떠한 규칙을 따를까?

그들의 규칙에 대해서 처음으로 관심을 보인 사람은 지금으로부터 약 2천 년 전, 알렉산드리아 사람인 헤론(Heron)이었다.

그는 한 점에서 다른 한 점으로 빛이 반사해서 나아갈 때 빛은 가장 짧은 경로를 택한다고 주장했다. 그의 말대로 빛은 같은 매질 안에서는 최단 경로를 택해서 진행한다.

그러나 빛이 서로 다른 매질을 거쳐서 진행할 때는 '최단 경로의 원칙'에 부합되지 않는다. 예를 들어 빛이 수면 위의 한 점에서 수면 아래 다른 한 점으로, 즉 공기 중에서 수면 아래로 입사해서 들어갈 때, 빛은 최단 경로를 거치지 않는다. '최단 경로의 원칙'은 1657년에 와서야 프랑스 수학자인 페르마(Pierre de Fermat)가 '최소 시간의 원칙'을 발표하면서 수정되었다.

시간이 가장 적게 걸리는 경로를 택한다

광자는 시간이 가장 적게 걸리는 경로를 따라서 진행한다. 이것이 페르마의 '최소시간의 원칙'이다. 이러한 규칙을 따라서 광자들이 달리기 때문에, 수면 밖에서 수면 안으로 빛이 비스듬히 입사할 때, 광자들이 최단 경로인 직선 경로를 따르는 대신 '최소시간의 원칙'에 따라서 수면에서 물 안쪽으로 꺾이게 되는 것이다[17].

위에 언급한 굴절 현상에 대해서는 나중에 좀 더 설명하기로 하고, 우선 광자가 특정한 경로를 선택할 때 따르는 '최소시간의 원칙'이 구체적으로 무엇을 의미하는지 살펴보자. 여기서 빛과 매질과의 상호작용을 무시하고[18], 간단히 광자의 '최소시간의 원칙'을 요약하면 아래와 같다. 즉, 빛은 직진하다가 굴절률이 다른 매질을 만나면 그 경계면에서 일부는 반사되고 일부는 굴절되는데, '최소 시간의 원칙'에 따라서, 다음과 같은 광자들의 규칙을 얻을 수 있다.

첫째, 동일한 매질 안에서는 광자는 꺾이지 않고 그대로 직진한다. 둘째, 동일한 매질 안에서 직진하다가 다른 매질을 만나 경계면에서 반사될 때, 광자의 경로는 반사의 법칙[19]을 따른다. 셋째, 동일한 매질 안에서 직진하다가 다른 매질을 만나 경계면에서 굴절될 때, 광자의 경로는 굴절의 법칙을 따른다. 굴절의 법칙은 다음 절에서 자세히 설명하겠다.

이 세 가지 원칙[20]이 바로 광자들의 세상인 페르마 나라의 통치 비밀이라고 할 수 있는데, 파장이 지형지물의 크기에 비해서 아주 짧을 때 잘 부합된다. 잠시 페르마 나라의 비밀 속으로 들어가 보자.

3.4 페르마 나라의 비밀

페르마 나라로 들어가서 광자들의 행동을 눈여겨보자. 우리는 그들이 일정한 규칙에 따라서 움직인다는 것을 곧 알게 될 것이다. 그 나라에는 왕이나 통치자가 없다. 다만 앞에서 언급했듯이 '최소 시간의 원칙'이 있을 뿐이다. 그것으로부터 파생되는 세 가지 규칙인 빛의 직진성, 반사 법칙 그리고 굴절 법칙에 대해서 좀 더 알아보자.

직진하는 데도 규칙이 있다

진공 중에서 광자는 직진한다. 왜냐면 그 경로가 시간이 가장 적게 걸리는 길이기 때문이다. 공기 중에서는 어떨까? 만일 공기의 밀도가 균일하고 온도도 일정하다면, 공기 중에서도 빛은 직진한다. 하지만 위치에 따라서 공기의 밀도 혹은 온도가 다르다면 상황은 다르다. 같은 공기층이라도 공기의 밀도가 높을수록 그리고 온도가 낮을수록 공기의 굴절률이 높아진다. 이러한 이유 때문에 공기의 밀도가 작은 쪽에서 큰 쪽으로 빛이 꺾이게 된다. 마찬가지로 온도가 높은 쪽에서 낮은 쪽으로 빛이 꺾이게 된다. 이러한 현상은 액체 안에서도 고체 안에서도 마찬가지이다.

요즘 우리가 사는 세상도 이와 비슷하다. 아무리 나 홀로 앞만 보고 똑바로 전진하려고 해도, 주변 환경이 허락하지 않는 경우가 너무나 많다. 정권이 바뀌어서 권력이 이동하면 권력과 돈이 있는 곳으로 사람들도 몰리게 된다. 사람들이 몰리는 조밀한 곳이면 그곳이 어디든지 사람들이 몰려간다. 우리들도 광자들처럼 이미 페르마 나라의 시민으로 살아가고 있는 것은 아닐까? 아래에 있는 시, 「시선-굴절의 법칙」의 부분을 읽어 보면 우리들이 얼마나 그들을 닮아가고 있는지 알 수 있을 것이다.

세계 각지를 달리다가
빛은 숱한 시선을 세상에 풀어 놓았다

수원에서 강남으로 이사하면서
시선들이 렌즈로부터 내게로 꺾이는 것을 느꼈다
수원에서 과천을 건너 강남으로 직행했다는 것이다
수년간 빛들이 나를 들락거리며 다시
샅샅이 내 재산 내역을 조사하더니
강남에서 과천을 걸러 다시 수원으로 내려오자
신기루처럼 한줄기 시선이 이번에는
내게서 반대 방향으로 크게 꺾이는 것을 알았다
일찍이 이것을 경배하며 자라난
소년들은 목울대가 변해도 이것의 든든한 신봉자가 되었다
무명 과학자보다는 빌 게이츠에게 능숙하게 눈이 갔고
높은 사람이 말춤을 추면 서슴없이 따라 했다
가난은 혐오 대상 영순위
양심은 우리에게 굴절의 법칙을 버리라는데
세상은 빛줄기 가는 대로 가라고 한다
시선들이 잠시 오락가락하다가
사당동에서 수원 가는 버스를 타고 남태령을 지나 광속을 낸다

질문이 궁할 때마다 내 친구가 내게 던지는 말
이 선생 어데서 사십니까?

- 「시선-굴절의 법칙」 전문(『다시올문학』, 2013 가을호)

반사에도 법칙이 있다

앞 절에서 이미 언급했듯이, 광자들은 직진하다가 다른 매질의 매끈한 표면에 부딪치면 입사각과 같은 각으로 반사된다. 오후에 멀리 떨어져 있는 건물의 유리창으로부터 반사된 빛이 십여 초 동안 유난히 반짝거리는 것을 누구나 한번쯤은 목격했을 것이다. 이것은 지구가 태양을 공전하는 동안 햇빛이 해당 건물의 유리창에 입사한 각과 같은 각으로 우리 눈으로 반사되었기 때문이다. 그러나 태양의 위치가 바뀌면서 반사되는 각도가 우리 눈에서 점점 더 벗어나면서 빛이 미약해지다가 수 분이 지나면 완전히 사라진다.

만일 반사체의 표면이 아주 거칠다면 빛이 사방으로 난반사된다. 오렌지가 노랗게 보이는 이유는 다른 색깔의 광자들은 오렌지에 흡수되고 노란색 광자만이 오렌지에서 사방으로 난반사되기 때문이다.

굴절의 법칙

광자들은 유리 같은 매질 속을 달릴 때 분자들에 흡수된 후에 다시 방출됨으로써 속도가 느려지게 된다. 이 속도 변화로 광자들이 진행할 때 한 매질에서 다른 매질로 바뀌게 되면 광자들의 진행 방향이 굴절된다. 굴절되는 각이 클수록 속도 변화가 크게 일어난다. 간단히 식으로 '굴절의 법칙'[21]을 나타낼 수 있는데 이 식을 '스넬스 법칙'이라고도 한다. 굴절의 법칙은, 빛이 직진하다가 다른 매질을 만나 굴절할 때 굴절률이 큰 매질 즉, 조밀한 매질 쪽으로 꺾이는 현상을 잘 설명해 준다.

물속에서 물고기가 크게 보이는 것도 이러한 굴절 현상 때문이다. 다음은 굴절 현상의 하나인 신기루에 대한 이야기이다.

신기루

몹시 무더운 날 도로 위로 차를 운전해 본 사람은 누구나 신기루를 경험한 적이 있을 것이다. 멀리서 보면 아스팔트 도로가 마치 물웅덩이에 잠겨있고 주변의 경치가 수면에서 반사된 것처럼 거꾸로 비춰 보이지만, 막상 그 지점을 지나치는 순간 도로 바닥이 말라 있어서 아까 본 이미지가 허상이라는 것을 곧 알게 된다. 바로 신기루 현상 때문이다. 이러한 현상은 어떻게 생길까? 우선 햇빛을 받으면 도로가 뜨거워지고 도로 근처의 공기가 도로에서 멀리 떨어져 있는 공중의 차가운 공기보다 더 따뜻해진다. 공기가 따뜻해지면 공기의 밀도와 굴절률이 낮아져서, 결국은 도로 근처에 있는 공기의 굴절률이 공중에 있는 공기의 굴절률보다 작아지게 된다. 그러므로 앞에서 설명한 굴절의 법칙에 따라서 수평으로 입사하는 광선이, 아스팔트 도로 쪽에서, 공중으로 휘게 된다. 그래서 휘는 광선을 보는 운전자는 거울에서 반사된 상을 보는 것처럼 신기루를 경험하게 되는 것이다.

어찌 보면 신기루가 허무맹랑한 마술 같기도 하지만, 실제로 페르마 나라에서 광자들이 질서 정연하게 그들의 규칙에 따라서 펼쳐 보이는 군무인 것이다.

내시경 속에 숨어 있는 비밀

요즘 제트 엔진의 내부는 물론이고 접근이 어려운 구조물이나 인체의 내부를, 광섬유 다발을 통해서, 절개하지 않고 들여다볼 수 있는 기구들이 많이 등장하고 있다. 특히 절개하지 않고 인체 내부를 들여다보는 것은 매우 중요한데 그 이유는 수술 후 회복이 빠르고 수술비용이 절감되기 때문이다. 인체의 내부를 들여다볼 목적으로 개발된 광섬유 다발을 특별히 내시경이라고 부르는데, 지금은 위, 대장, 기관지 등의 내시경뿐만 아니라 이비인후과, 비뇨기과, 정형외과 등의 용도로 인체 내부를 들여다볼 수 있도록 다양한 내시경들이 개발되어 있다. 그렇다면 광자들이 어떻게 내시경을 오가면서 일을 수행할 수 있을까?

어떠한 비밀이 내시경 속에 숨어 있는지 살펴보자.

앞에서 언급한 것처럼 대부분의 내시경이 광섬유 다발로 이루어져 있다. 따라서 내시경의 비밀을 밝히기 위해서는 광섬유[22] 안에서 광자들이 어떻게 이미지들을 전송하는지를 알아야 한다. 광섬유에서 이미지를 전송하는 원리는 다름 아닌 내부 전반사에 기초하고 있다.

내부 전반사(total internal reflection)가 무엇인지 간단히 알아보자. 우선 유리층 내부에서 빛이 공기층과의 경계면으로 〈그림 3.3〉과 같이 입사각 θ_1으로 입사한다고 하자. 이때 입사각 θ_1이 작은 각일 때는 입사하는 빛 중에서 일부는 입사각과 같은 반사각 $\theta_r(=\theta_1)$으로 반사되고 나머지는 공기층으로 굴절각 θ_2로 투과되어 빠져 나간다. 그러나 입사각이 점점 증가하여 마침내 임계

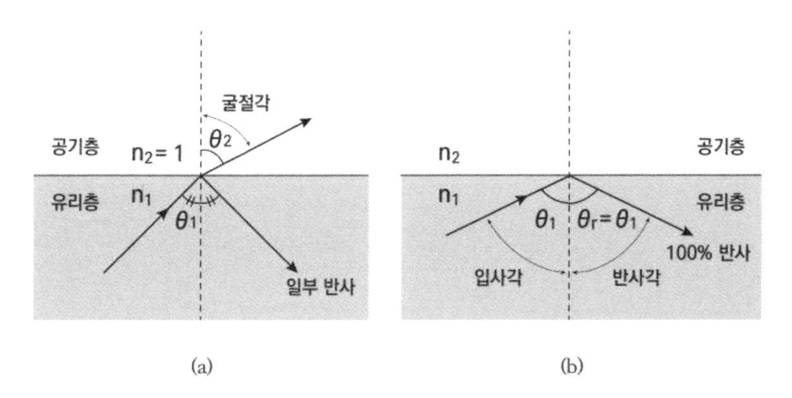

〈그림 3.3〉 유리층 안에서 내부 전반사가 일어나기 전과 후

(a) $\theta_1 < \theta_c$ (임계각), (b) $\theta_1 \geq \theta_c$=임계각. 굴절률이 1.45인 유리의 임계각은 43.6도이다, 따라서 입사각 θ_1이 43.6도보다 크거나 같으면 모두 반사한다.

각(critical angle) θ_c보다 크거나 같은 각에 이르게 되면 〈그림 3.3〉 (b)에서처럼, 입사하는 모든 빛이 경계면에서 전부 유리창 내부로 반사된다. 이와 같이 경계면에 입사하는 빛이 매질 내부로 전부 반사되는 현상을 '내부 전반사'라고 부른다. 굴절률이 1.45인 유리의 임계각은 43.6도이다. 따라서 코어가 유리이고 클래딩이 없는 광섬유에서 43.6도보다 더 큰 각으로 입사하는 빛(또는 광자)은 광섬유 밖으로 새어 나가지 않고 유리층 내부에서 전반사를 반복하면서 광섬유를 따라서 손실 없이 도파(道波)한다.

내시경에 사용되는 광섬유도 일반 광섬유와 마찬가지로 보통 머리카락 굵기 정도의 유리층 두 층으로 되어 있다. 중심에 있는 층을 코어라고 부르고 그 주변에 있는 층을 클래딩이라고 부른다. 코어를 통해서 빛이 전달될 때 두 층 사이의 경계면에서 내부 전반사가 일어날 수 있도록 코어의 굴절률을 클래딩보다 약간 크게 만든다. 이렇게 코어 주변에 클래딩을 입히면 광섬유 다발 내부의 광섬유들 간에 간섭도 방지할 수 있을 뿐만 아니라, 내시경을 구부려도 '내부 전반사'로 인해서 빛이 밖으로 새지 않도록 해줄 수 있다. 광섬유 다발은 대개 수 만개의 광섬유로 되어 있으며 내측의 광섬유들은 주로 이미지를, 외측 광섬유들은 물체에 조명 불빛을 전달하는 데 쓰인다. 이렇게 내시경 광섬유에서 광자들은 '내부 전반사'를 통해서 조명 불빛과 인체 내부의 영상을 쉴 새 없이 나른다.

내시경에서 광섬유는 영상 전달과 조명이 목적이지만, 원래 광섬유는 통신용으로 주목을 받았다. 이것과 관련해 더 자세한 내용은 4장에서 다시 다루도록 하겠다.

내부 전반사를 이용해서 이미지나 빛을 전송하려는 도파로는 광섬유가 처음은 아니었다. 이미 150년 전에도 내부 전반사를 이용해서 빛을 보내려는 시도가 있었다. 영국의 과학자 틴들(John Tyndall)은 1870년 물줄기를 통해서 빛이 도파하는 실험을 했다. 이 실험에서 그는 물탱크에서 곡선을 그리며 흘러나오는 물줄기의 입구에 빛을 주입시켰고 물줄기를 따라서 빛이 진행하는 것을 목격할 수 있었다. 그가 이렇게 우연히 발견한 내부 전반사에 대한 실험은 그 뒤로 수많은 과학자들에 의해서 유리로 된 '광파이프', 즉 광섬유에 대한 연구로 이어졌고, 거듭된 광섬유의 성능 향상으로 말미암아 초고속 광통신 시대를 크게 앞당길 수 있었다.

3.5 가면을 쓴 춤꾼들

두 얼굴의 녀석들 - 입자와 파동의 이중성

우주의 나이만큼이나 오래되었을까?

그들은 대체 누구인가. 그들에게도 진화가 있었을까, 아니면 순전히 계획에 의해서 창조되었을까? 한 가지 분명한 사실은 그들은 인류가 존재하기 훨씬 이전부터 있었으며 인류가 출현한 이후로도 늘 우리와 함께해 왔다는 사실이다. 그들은 우리에게 매우 낯이 익은 것 같으면서도 여전히 낯선 존재들이다. 뉴턴 시대에서부터 '빛이 파동이냐 입자냐'에 대한 뜨거웠던 논쟁이 비록 아인슈타인 시대에 이르러서 일단락되었지만, 그들은 우리에게 여전히 알쏭달쏭한 존재들이다. 그들은 다름 아닌 '광자'들이다.

'빛은 입자가 아니고 파동이다'라는 주장은 19세기까지만 해도 많은 과학자들의 지지를 얻고 있었으나, 이 주장을 반박할 만한 현상이 있었다. 바로 '광전효과'이다. '광전효과'는 19세기에 이미 과학자들이 관측했던 현상이지만 2.3절에서 언급했듯이 1905년에 와서야 아인슈타인에 의해서 과학적으로 규명되었다. 아인슈타인은 빛이 광자라는 입자이며, 광자의 에너지($E=hf$, f=주파수)가 충분히[23] 크면 금속에 광자 하나가 입사할 때마다 금속으로부터 전자 하나가 방출된다고 광전효과를 설명했다. 이러한 광전효과는 분명히 '파동의 입자성'을 보여주는 하나의 현상이다.

광자의 에너지가 주파수에 비례한다는 것은 이미 광자라는 입자가 파동과 관계가 있다는 것을 의미한다. 왜냐면 주파수는 주민등록증처럼 파동의 신분을 나타내는 파동의 고유 단위이기 때문이다. 따라서 아인슈타인은 '광전효과'에 대한 그의 해석을 통해서 '빛의 입자성'뿐만 아니라 '광자의 파동성'을 세상에 알렸다고 말할 수 있다.

그 후에 모든 입자들이 파동이라고 제안했던 사람이 있었다. 바로 프랑스 물리학자 드브로이(de Broglie)이다. 그는 1924년 그의 박사 논문에서, 움직이는 모든 물체는 파동의 성질을 갖는다고 추론했다. 간단히 말해서 그는 운동하는 물체를, 그 물체의 운동량 p에 따라서 파장 $\lambda(=h/p)$이 달라지는 파동으로 보았다. 우리는 이것을 '드브로이 파' 또는 '물질파'라고 부른다. 그 당시 아인슈타인은 드브로이의 박사 논문을 처음 접하고 나서, 그의 논문이 물리학에 드리웠던 베일을 벗긴 것 같다며 칭찬했다고 한다. 위의 드브로이 파장에 관한 식에서도 알 수 있듯이 운동량이 클수록 물질파의 파장은 짧아진다. 지금까지 전자, 원자 그리고 분자에서는 예상되는 물질파의 파장이 정확하게 실험으로 관측되었다. 하지만 거시적인 크기의 물체에서는 파장이 매우 짧아 현재의 기술로는 측정이 어렵다[24].

움직이는 광자뿐만 아니라 모든 물체가 파동과 입자의 성질을 다 지니고 있다는 드브로이의 생각은 아인슈타인이 칭찬했듯이 참으로 놀라운 아이디어가 아닐 수 없었다. 이것은 양자역학의 엄청난 하나의 결과물이기도 하다. 아인슈타인이나 드브로이가 생각했던 것처럼 광자는 틀림없이 '두 가지 얼굴'을 하고 있다. 마치 로마 신화 속의 야누스 신처럼 한 쪽은 입자의 모습이고, 다른 한 쪽은 파동의 모습이다. 그들은 때로는 파동의 모습은 숨기고 입자의 모습으로 반도체를 드나들면서 정보를 처리하다가도, 벽에 막혀 진행이 어려울 때는 입자의 모습을 감추고 파장의 모습으로 회절을 통해서 작은 틈을 헤집고 사방으로 전파해 나아간다.

홀로그램

화폐 앞면이나 카드 뒷면에 유난히 반짝거리는 부분이 있다. 이것이 바로 위조 방지를 위해서 삽입해 넣은 홀로그램인데 우리 주변에서 자주 볼 수 있다. 그러나 아마도 꿈의 홀로그램 기술은 공상과학 영화에 나오는 공중에 구현한 입체 영상일 것이다. 여기서 '홀로그래피'라고 하는 입체 영상 기술은 헝가리 출신 영국 과학자인 가보르(Dennis Gabor)가 1947년에 처음 발견하였다[25]. 그는 일반 사진이 물체에서 반사되는 빛의 진폭에 대한 정보만을 포함하고 있는데, 만일 물체에서 반사(또는 투과)되어 나오는 빛의 진폭과 위상에 대한 정보를 모두 담을 수 있는 새로운 기술이 나온다면, 완전한 3차원 사진도 가능할 것이라고 생각해 왔다.

그럼 어떻게 홀로그램을 만들었을까? 간단히 설명해 보자. 보통 광원으로는 레이저를 사용하는데, 우선 레이저에서 나오는 빔을 반투명 거울을 통해서 두 빔으로 나눈다. 그런 다음에 한쪽의 빔(기준빔)은 그대로 필름에 비추고, 다른 한쪽의 빔은 물체를 거쳐서[26] 필름에 비춘다. 이렇게 두 빔이 필름 위에서 중첩되면 간섭무늬가 만들어지는데, 이때 생긴 간섭무늬를 필름에 기록한 것이 홀로그램이다. 이 홀로그램 속에 바로 물체에 대한 정보가 담겨 있는 것이다. 따라서 필름으로부터 물체에 대한 입체 영상을 재생하려면 기준빔을 기록할 때와 같은 각도로 홀로그램에 조사시키면 된다. 그리고 하나의 홀로그램에 기준빔의 입사각을 달리하면서 다양한 입체 영상을 기록할 수도 있다. 이런 경우에는 보는 각도에 따라서 다양한 입체 영상을 볼 수 있기 때문에, 홀로그램을 회전시키는 방식으로 입체 동영상을 구현할 수 있다.

그런데 이러한 일들을 하는 주인공들은 누구인가. 두말할 필요도 없이 광자들이다. 물체에 대한 정보를 기록할 때도 그렇고, 기록한 정보로부터 원래의 정보를 재생할 때도 광자들이 없이는 불가능하다. 광자들은 정말로 우리에게 '어린 천사'들이다. 훗날 우리를 생각하면서 눈물 흘리는 손주들 앞에서, '어린 천사'들이 공상과학 영화의 한 장면처럼 우리의 모습을 지금보다 한층 더 진화한 입체 동영상 속으로 나르는 장면을 한번 상상해 보자.

투명망토

자연에 존재하는 모든 물질은 양(+)의 굴절률을 갖는다. 예를 들어서 물의 굴절률은 1.33이다. 하지만 물질 안에 있는 원자들을 인위적으로 재배열하면 음(-)의 굴절률을 갖는 물질도 만들 수 있다. 이러한 인공 물질을 메타물질이라고 하는데 이 물질이 최근에 특히 주목을 받는 것은 영화 〈해리포터〉에 등장하는 투명망토 때문일 것이다. 그런데 과연 투명망토를 만들 수는 있을까?

우리가 어떤 물체를 볼 수 있는 것은 그 물체에서 빛이 반사되거나 산란되어 우리 눈에 들어오기 때문이다. 따라서 투명망토로 물체를 씌워 빛이 망토를 우회하여 뒤쪽으로 나가게 해주면 물체를 전혀 볼 수 없게 된다. 현재 투명망토의 기술 수준은, 음의 굴절률을 갖는 메타물질을 이용하여, 좁은 파장 대역에서 아주 작은 크기의 투명망토를 구현할 수 있는 수준이다. 영화 〈해리포터〉에서 주인공이 투명망토를 입고 몸을 숨긴 채 이곳저곳을 누빌 수 있을 정도로 넓은 가시광선 영역에서 동작하는 투명망토 기술을 개발하기까지는 아직 요원하다. 그러나 언젠가는 광자들이 그러한 투명망토 기술의 주인공이 되어 우리 앞에 나타날 것이다.

그날이 오면 광자들은 메타물질의 옷을 입은 물체를 숨겨주기도 하고, 전혀 다른 모습으로 나타내 보이기도 할 것이다. 때로는 영화 〈프레데터〉에서처럼 주변 환경과 같은 색깔의 모습으로 물체들을 등장시킬지도 모른다.

양자 얽힘

요즘 정보 보안의 문제가 점점 사회 문제를 넘어서 국가 안보의 문제로 떠오르자 세계 각국에서는 양자통신에 대한 관심을 보이기 시작했다. 양자통신은 두 사람이 '양자'를 통해서 정보를 주고받을 때, '양자 얽힘' 현상에 의해서, 누가 해킹을 시도하면 그 순간 정보가 깨져서 해킹이 원천적으로 차단되는 미래의 통신 방법을 말한다. 따라서 '양자'의 고유한 특성인 '양자 얽힘'은 양자통신에서 매우 중요한 의미를 갖고 있다.

지금은 실험적으로 증명이 되는 현상이지만, '양자 얽힘'의 이야기가 처음 나왔을 때는 심지어 아인슈타인조차도 '유령의 원격작용(spooky action at a distance)'이라고 비꼬아서 말했다. 도대체 '양자 얽힘'이 어떠한 현상이기에 이렇게 불렸을까? 가령 두 개의 스핀 상태[27]가 서로 중첩되어 있는 입자 A와 B를 서로 반대 방향으로 빛의 속도로 보내고, 한쪽 끝에서 측정을 통해서 A 또는 B의 스핀 상태를 확인한다고 하자. 그런데 여기서 신비로운 것은 측정을 통해서 한 입자의 스핀 상태를 확인하는 그 순간 반대쪽에 있는 입자의 스핀 상태도 동시에 결정된다는 것이다. 측정하기 전까지는 두 입자가 서로 얽혀 있다가 측정하는 순간, 그 얽힘이 깨져서 한 입자의 상태가 다른 입자에 영향을 준다는 것이다. 이것은 양자역학에서 두 입자가 아무리 멀리 떨어져 있어도 '양자 얽힘'으로, 즉 서로 하나의 파동함수로 얽혀 있다가, 측정하는 순간 파동함수가 깨지면서 한 입자가 다른 입자에 영향을 미치기 때문에 일어나는 신비한 현상이라고 생각할 수 있다.

이러한 '양자 얽힘' 현상은 덴마크의 물리학자인 닐스 보어를 중심으로 하는 과학자들이 처음 주장했는데, 지금까지 많은 실험을 통해서 증명되었고, 오늘날 정설로 받아들여지고 있다. '양자 얽힘' 현상은 전자나 광자들뿐만 아니라 원자들 사이에서도 일어나며, 서로 얽혀 있기 때문에 한 입자의 물리적 파라미터를 측정하면 그 순간 멀리 떨어져 있는 다른 입자의 파라미터도 동시에 결정된다.

양자 얽힘에 대한 실험은 주로 광자, 핵스핀과 전자스핀을 통해서 이루어지고 있다. 실제로 한 쌍의 얽힌 '광자쌍'은 양자원격전송이나 양자암호와 같은 양자통신에서 이용되고 있다. 더 이상 쪼갤 수 없는 '빛의 양자'인 광자를 양자통신에 주로 이용하는 이유는 광자가 다른 입자들에 비해서 '광자쌍'을 만들기가 쉽고 멀리 전송할 수 있기 때문이다. 앞으로 '광자쌍'을 기반으로 하는 양자통신이 상용화되는 날이 올 것이고, 그때가 되면 광자들은 '보안 지킴이'로서 지금보다 더 조명을 받을 것이다.

우리들도 '광자쌍'처럼 서로서로 얽혀 있지는 않을까?

우리는 누구나 아주 미미하게 서로에게 영향을 미치고 있다. 때로는 가까이에 있는 낯익은 사람과 때로는 아주 멀리 있는 낯선 사람과 얽혀 있다. 한 배에서 나온 쌍둥이 형제들도, 부모와 자식 간에도 서로 얽혀 있다. 모르는 남녀가 사랑하다가 부부가 되었다는 것은 뒤늦게 '광자쌍'처럼 서로 얽히게 되었다는 이야기일 수 있다. 그리고 해외에 있는 자식이 몹시 아플 때 당신이 괴로워하며 잠을 이루지 못하고 있다면 당신이 자식과 얽혀 있기 때문일지 모른다. 우리들이 '광자쌍'처럼 부모와 자식 사이에 그리고 심지어 모르는 이웃들과 얽혀 있다는 사실을 '광자'들이 우리에게 넌지시 알려 주고 있는 것은 아닐까? '양자 얽힘' 현상은 어린 천사들의 은유적 외침이다. 무지한 우리에게 '광자'들은 언제나 '어린 천사'들이다.

광냉각

앞에서 복사압을 설명할 때, 광자가 물체와 충돌하면 물체에 힘을 가한다고 하였다. 우리들도 빛을 받으면 늘 광자들로부터 힘을 받는다. 그러나 그것을 못 느끼는 것은 그 힘이 너무나 미약하기 때문이다. 그러나 원자의 경우는 다르다. 원자는 질량이 아주 작기 때문에 복사압의 영향을 크게 받는다. 간단히 설명해 보자. 일단 광자가 원자와 충돌하면 원자에 힘을 가하게 되는데, 이때 운동하는 광자의 방향이 원자의 움직이는 방향과 반대가 되면 원자의 속도를 늦출 수 있다. 따라서 원자의 속도를 더디게 하기 위해서는 원자를 특정 방향으로 움직이는 광자와 만나서 서로 공명할 수 있도록 튜닝해 주는 것이 좋다.

이러한 원리를 통해서 원자들의 속도가 거의 정지 상태에 이르면, 온도가 원자들의 평균 운동에너지에 비례하기 때문에 원자의 온도를 크게 낮춰줄 수 있다. 이것을 광냉각(optical cooling)이라고 하며, 현재 이 기술은 원자시계와 원자 간섭계에 응용되고 있다.

광자들은 우리에게 온기만을 가져다주는 것은 아니다. 그들이 마음먹기에 따라서 우리를 절대온도 0도로 얼려버릴 수도 있다. 문득 전신이 얼어오는 것만 같다.

Optical cable

04

진화하는 우편배달부

영화 속에서 악당들이 비둘기를 통해서 비밀 편지를 서로 주고받는 장면을 보며 가슴을 졸인 적이 있었을 것이다. 이렇게 비둘기에게 메시지를 전달하는 이야기가 영화 속에서만 있는 일은 아니다. 인류 역사상 가장 큰 전쟁이었던 제1, 2차 세계대전에서조차 비둘기는 유용한 통신 수단이었다.

개인이나 나라가 위급할 때 빠른 정보 전달은 매우 중요하다. 지금까지 지구촌에서 편지를 나르는 우편배달부로서 누가 가장 적임자였을까? 사람, 아니면 새나 말, 그것도 아니라면 무엇일까? 우편배달부들이 어떻게 진화해 왔는지 한번 살펴보자.

4.1 전자라는 우편배달부

지금 우리는 어떠한 세상에서 살고 있는가?

방금 전에 아프리카 동부 탄자니아에서 알비노(백색증) 어린이 1명이 여러 의혹들을 인터넷 매체에 마구 풀어 놓은 채로 실종되었다. 그 시각 뉴욕 맨해튼에서는 백인 경찰과 흑인 여성 운전자 간에 사소한 시비로 인해 어느 뜨거운 영화의 예고편을 살짝 보여주듯이 총격전이 벌어졌다.

구석구석 지구 곳곳에서 벌어지는 너와 나의 이야기들!

그것이 연인들의 사랑싸움이든, 나라와 나라 사이의 사이버 전쟁이든, 아무리 사소한 일이라도 이제는 수 시간 내에 안방에서 그 사건들을 직접 눈으로 보고 경험할 수 있는 시대에 우리는 살고 있다. 온몸에서 일어나는 촉각 신호들이 신경망을 통해서 뇌에 전달되면 그곳에서 즉시 그것들을 인지할 수 있는 것처럼, 지구 전체는 초고속 인터넷망으로 거미줄처럼 연결되어 있기 때문에 지금 우리는 언제 어디서나 누구와도 서로 소통할 수 있는 유비쿼터스 시대에 살고 있다. 이 글쓰기가 종착지까지 최단거리를 고집하면서 나에게 갑질만 하지 않고, 시시때때로 우리를 아름다운 해변으로 안내하기를 바라는 이 순간에도, 인터넷 눈과 귀들은 나의 일거수일투족을 읽고 있을 것이다. 이러한 일들이 어떻게 가능할까?

우선 예전에는 통신이 어떻게 이루어졌는지 살펴보자. 우리

나라에도 고려시대 이후로 봉수제도가 있었다. 외적의 침입과 같이 변경에 급한 일이 생기면 '횃불'과 '연기'로 중앙에 알렸다. 조선 후기에는 파발제도가 있어서 중요한 일이 있으면 파발마를 띄워 중앙의 공문을 각 고을에 전달하였다. 지금처럼 전화기나 인터넷이 없던 시절, 개인 간의 정보 전달은 주로 인편을 통해서 이루어지다 보니, 거리가 멀면 오랜 시일이 걸렸다.

19세기까지만 해도 편지를 배달하는 우편배달부는 주로 사람이었다. 그러나 20세기 들어서부터 전자통신의 발달로 우편배달부의 역할을 사람 대신 '전자'들이 해오고 있다. 전화기, 영상 카메라 그리고 컴퓨터를 거쳐서, 인터넷에 송신자의 음성이나 영상 또는 데이터 메시지가 뜨게 되면 '전자'들이 바빠진다. 이들 '전자'들은 일단 전달할 메시지를 받으면 그것들을 멀리 그리고 안전하게 운반하기 위해 적당한 형태로 바꿔서 정해진 순서대로 수신자에게 운반한다.

이처럼 '전자'들이 열심히 일한 덕분으로 수신자들은 메시지들을 스피커를 통해서 듣고, 디스플레이 영상 화면을 통해서 정보를 확인할 수 있다. '전자'들은 밤낮을 가리지 않고 일하면서도 절대로 불평하지 않는다. 지금 우리는 그런 시대에 살고 있는 것이다.

그들에게 우리가 해줘야 할 일은 그리 많지 않다. 우리는 다만 그들에게 일을 맡기고 그들이 마음 놓고 일할 수 있는 그런 환경만 만들어주면 된다. 무엇보다도 우편물을 지니고 그들이 마음껏 달릴 수 있도록 고속도로를 마련해 주는 일이야말로, 우리가 해주어야 할 중요한 일 중 하나이다.

4.2 전자들의 고속도로

사람들의 원활한 이동을 위해서는 도시와 도시를 연결해주는 고속도로가 필요하듯이 메시지를 운반하는 '전자'들에게는 쌩쌩 달릴 수 있는 그들만의 고속도로가 있어야 한다. 그 고속도로가 바로 동축케이블(구리선)이다. 전자들이 달릴 수 있는 '전자 고속도로'인 동축케이블이 우리나라에 1970년대까지 전국적으로 포설되었던 것은 바로 이 때문이다. 이 '전자'들이 그동안 동축케이블을 타고 전국을 헤집고 다니면서, 집집마다 일일이 송신자들의 편지를 오매불망 기다리고 있던 수신자들에게 전달하는 운반자 역할을 해왔다.

하지만 메시지들이 음성에서 영상과 데이터를 포함하면서 전체 데이터 용량이 해마다 폭증하자, 고속도로에 각종 차량들이 한꺼번에 몰리면 교통 체증이 발생하는 것처럼, '전자 고속도로'에도 통신 트래픽 문제가 심각하게 대두되었다. 물론 이러한 트래픽 문제는 동축케이블을 더 많이 포설함으로써 어느 정도는 완화시킬 수 있다. 그러나 케이블이 무겁고 부피가 큰 데다가 설치비용도 만만치 않다.

그뿐만 아니라 이들 전자들이 동축케이블 위를 달릴 때 전자파 간섭에 의해서 메시지가 교란되고, 손실이 커서 장거리까지 메시지를 전달하기가 쉽지 않다. 물론 초전도체로 만들어진 케이블이 있으면 전류가 흐를 때 저항이 발생하지 않아서 손실 문제는 해결되겠지만 아직까지 그런 케이블은 존재하지 않는다. 이러한 문제점 때문에 사람들은 폭증하는 트래픽 문제에 대한 좀 더 근본적인 해결책을 끊임없이 연구하게 되었고, 그 결과 새로운 우편배달 방식을 찾는 데 성공하게 되었다.

그 새로운 해결책이 바로 우편배달부를 '전자' 대신 '다른 것'으로 바꾸는 것이었다.

4.3 우편배달부 광자와 빛의 고속도로

1970년대 이후부터는 해마다 통신 트래픽이 대략 2배씩 증가했다. 따라서 트래픽 문제를 해결하기 위해서는 우편물을 해마다 두 배 이상 빠르게 처리해야 했다. 그러나 이 문제는 고속도로의 수를 단순히 매년 두 배씩 늘리는 식으로 해결될 일이 아니었다. 그 이유는 앞에서도 언급했듯이 동축 케이블의 수를 늘리는 데에는 막대한 비용과 함께 여러 가지 문제가 발생하기 때문이다.

그래서 과학자들이 생각해 낸 것이 바로 전자 우편배달부들을 더 날쌘 다른 우편배달부들로 바꾸고, 고속도로도 바꾸는 것이었다. 그런데 '전자' 말고 우편물을 더 빠르게 나를 수 있는 것들이 있을까? 만일 있다면 그들의 정체는 과연 무엇일까?

세상에는 빛보다 더 빠르게 달릴 수 있는 것은 없다.

그렇다. 그들은 다름 아닌 '광자', 즉 '빛'이다.

과학자들은 이미 수십 년 전부터 새 떼처럼 무리지어 다니는 '광자'들에게 우편물을 나르게 하는 연구를 해왔는데, 근래에 크게 성공을 거두었다. 광통신이 바로 그것이다. 그들이 먼 곳까지 바닷속으로 또는 땅속으로 메시지를 순식간에 전달할 수 있는 데에는 다 이유가 있다. 그들만의 전용 고속도로[1]가 바다와 땅과 하늘을 가리지 않고 여기저기에 깔려 있기 때문이다. '광자'들이 우편물을 운반하는 '광자 고속도로'는 빛에 투명한 머리카락 굵기의 가는 광섬유로 되어 있으며, 광케이블이라고 부른다. 전자들의 고속도로와 비교해서 광자들의 고속도로의 장점을 한마디로 말하면, 다음과 같다. 그것은 광자들이 광케이블 속을 달릴 때 전자들이 동축케이블 속을 달릴 때보다 수천, 수만 배 이상 더 많은 정보를 더 멀리 배달할 수 있다는 점이다[2]. 이러한 '광자 고속도로(혹은, 빛의 고속도로)'는 이미 40년 전에 개발되어 지금은 수백 킬로미터 이상을 거의 정보의 손실 없이 빛의 속도로 정보를 나를 수 있게 되었다.

20세기 초에 잠에서 깬 후, 혜성같이 등장한 빛의 우편배달부, 광자들! 광자들은 일단 우편물을 받으면 5대양 6대주를 누빈다. 눈도, 비도, 천둥 번개도 이들을 막을 수는 없다. 어디든지 고속도로가 뚫린 곳은 태평양이든지, 대서양이든지 가리지 않고 우편물을 나르며 해마다 폭증하는 인터넷 트래픽의 해결사 노릇을 해오고 있다.

그러나 어느 곳이나 '광자 고속도로'를 깔 수는 없다. 비용이 많이 들고 설치하기가 불가능한 구간도 있다. 그러한 일부

구간에서는, 보안이 다소 취약하고 배달 시간이 더 걸리더라도, 고속도로를 통하지 않고 무선으로 우편물을 보내야 한다. 길거리를 나가 보라! 거리마다 휴대폰에서 불이 난다. 우편배달부들이 우편물을 가지고 휴대폰 속을 들락거리느라고 정신이 없다.

우리는 지금 정보의 홍수 속에서 살고 있다.

매초마다 쏟아져 나오는 엄청난 양의 정보들, 그 증가 속도가 지속적으로 현재의 정보통신 기술의 한계치를 위협하고 있다. 언젠가는 '광자 고속도로'와 '전자 고속도로'의 수를 늘리는 것만으로는 감당할 수 없는 시점이 올 것이고, 그 때 우리는 또 다시 말하게 될 것이다. '새 우편배달부가 필요하다'고.

지금은 비밀이 없는 무서운 세상이다.

굵은 줄기를 잡아당기면 줄줄이 끌려 나오는 고구마 뿌리처럼, 인터넷상에 이름만 처넣으면 시시콜콜 잔뿌리까지 줄줄이 모조리 나온다. 아래 시를 통해 지금 우리가 살고 있는 세상이 어떠한 세상인지 음미해 보자.

나루터에 다가가자 보트가 나타났다.

삯도 받지 않았다. 대신 내 정보를 하나 요구했다.
여러 항구를 거치면서 항구마다 새 정보를 하나씩 주다보니 깊숙이 내항으로 들어갈 때 쯤 이미 그들은 나에 대해 속속들이 알고 있었다. 뱁새눈에 충청도 말씨는 기본이고 내가 근래에야 머리를 빗는다는 사실도 알고 있었다. 이윽고 하나둘 낯익은 얼굴들이 눈에 띄더니 나를 빼닮은 얼굴들이 항구에 드나들기 시작했다.

나는 항구 분기점에서 n개로 나뉘었다. n개의 보트에 실려 n개의 항구로 가는 사이 멀리 외항에서 들어온 핵 주식 먹거리 정보들이 야윈 내 배를 달래주었다. 더러는 보트 사고로 사라졌지만 나의 분신들은 계속 달렸다. 오대양을 누비며 질식사를 면하려고 m명으로부터 정보를 긁어모았다. 희미한 정보는 디지털 기술로 갈무리했다. 허기지면 휴게소에 들려 카메라에 찍히고 초콜릿 정보를 깨물었다.
문자와 기호를 늘 지니고 다니다 친구를 만나면 얼굴을 맞댔다. 내가 정보를 하나 줄 때마다 그들도 정보를 하나 주었다. 거듭거듭 항구를 거치고 친구를 만나는 동안 나도 그들의 머리털 개수까지 셀 수 있었다.

그물 같은 항해 망(網) 속에서
나는 너의 너는 나의 투명 유리 속이다.

-「현대인-투명 유리」 전문(『현대시』, 2014년 4월호)

4.4 차세대 우편배달부는 누구인가

우리 몸에 막히거나 좁아진 곳이 없이 혈관이 모두 잘 뚫려 있으면, 산소와 영양분이 온몸에 원활하게 공급되어 건강한 몸을 유지할 수 있다. 지구도 마찬가지이다. 지구 전체가 원활한 소통으로 건강한 하나의 지구촌이 되기 위해서는, 지구촌 어디나 고속도로가 나 있어서 우편배달부들이 구석구석까지 막힘없이 달릴 수 있어야 한다. 그러기 위해서 우리는 앞으로도 지속적으로 고속도로를 확충하고 무선 통신[3] 기술도 발전시킬 것이다. 하지만 또 언젠가는 밀려오는 정보의 홍수를 다 감당하지 못하고 한계에 부딪칠 것이다.

그날이 온다면 '광자'라는 우편배달부로는 정보를 다 처리할 수 없을 것이다. 만일 광자와 전자로도 폭증하는 인터넷 트래픽 문제를 다 해결할 수 없다면 그때는 어찌해야 할까? 어쩌면 그런 날이 꽤 빨리 찾아올지도 모른다. 그때가 되었을 때 우리에게 새로운 돌파구가 있다면 그것은 무엇일까? 아마도 간단한 해결책은 '전자'나 '광자'보다 더 강한 놈을 찾아서 우편배달부로 훈련시키는 것일지 모른다. 그런데 과연 전자나 광자처럼 충직하고 순종적이며 빠른 놈이 있을까? 그런 놈이 있다면 훈련은 시킬 수 있을까? 지금은 불가능해 보이지만 혹시 '중성미자'일까, 아니면 새로운 '미지의 입자'일까?

다행히 아직까지는 '어린 천사'인 광자 우편배달부가 인터넷 트래픽과 사투를 벌이면서 지구촌 구석구석까지 시원하게 소식들을 전하며 애타게 기다리는 우리에게 환한 미소를 선사하고 있다.

4.5 떼로 움직이는 정보 전달자들

국가 간의 전쟁에서 승리하기 위해서는 적에 대한 정보를 빠르고 정확하게 아군에게 전달하는 것이 매우 중요하다. 적에 대한 세세한 정보를 빠르게 입수해야 통수권자가 치밀한 계획을 세우고, 아군에게 결정적인 공격 명령을 하달할 수 있는 것이다. 따라서 길이 멀고 험하거나 또는 뜻하지 않은 경우를 대비해서, 즉 안전한 정보 전달을 위해서 '정보 전달자'를 하나만 보내지 않고 여럿을 무리 지어 보낸다. 오늘날의 통신이 그렇다.

'광자'가 광케이블 속을 질주할 때 케이블 중간에서 산란이나 흡수 등으로 인해서 대부분이 소실되고 일부만 목적지에 도달한다고 하더라도, 그들은 정보 전달자의 임무를 충실히 수행할 수 있다. 송신자와 수신자 사이의 거리가 멀면 멀수록, 전달자들이 수신자에게 도달하기도 전에 그만큼 더 많이 사라지기 때문에, 더 많은 정보 전달자들을 내보내야 한다. 거리가 두 배로 늘어나면 대개 손실[4]도 2배로 늘어나기 때문에, 그것을 감안해서 보내는 정보 전달자의 수도 늘려줘야 한다. 보통은 수신자가 모든 정보를 정확하게 수신하기 위해서는 충분한 숫자의 정보 전달자들이 수신자에게 도달해야 한다. 이러한 이유 때문에 수많은 메시지들을 빠르고 안전하게 아주 멀리까지 보내려면 송신자 측에서 천문학적인 숫자의 정보 전달자들을 보내는 것이 바람직하다.

여기서, 초당 100억 개의 데이터(비트)를 전송하는[5] 초고속 광통신 시스템을 예로 들어보자. 이 시스템에서 길이가 100킬로미터인 광케이블 속을 광자들이 달릴 때, 10킬로미터마다 숫자가 절반으로 줄어든다[6]고 하면 전송거리 100킬로미터를 달리는 동안 광자들의 숫자는 대략 1천분의 1로 줄어든다. 그런데 수신기에서 데이터를 정확하게 복원하기 위해서는 비트마다 보통 수십 개의 광자가 있어야 하므로, 이 시스템에서 송신자 측에서 보내야 하는 광자는 적어도 초당 수백조 개는 되어야 한다. 물론 전송거리가 더 길거나 전송속도가 더 빠르게 되면[7] 이것보다 더 많은 광자들을 '정보 전달자'로 내보내야 한다.

P
ER
B
EB
EG
G

05

어둠을 밝히는 아이들

자연에 순응하면서 살아가던 시절이 있었다. 그때는 햇빛이 어둠을 밝히는 거의 유일한 광원이었기 때문에 사람들은 그것에 의존해서 생활하는 수밖에 없었다. 그러다 보니 농사일이나 독서가 대부분 낮 시간에 한정되어 있었다. 어둠이 몰려오면 일터에서 일찍 귀가하여 잠자리에 들었고 다음 날 아침 해가 뜰 때까지 기다려야만 했다. 밤중에 집 마당을 밝혀야 하는 경우에는 횃불이나 관솔불을 사용하였다. 실내조명을 위해서 등잔불을 켜기도 했으나 그 시절에는 지금의 조명등처럼 오랫동안 환하게 밝힐 수가 없었다.

몸을 불태우는 아이들

인류의 오랜 숙원은 밤도 낮처럼 계속 환하게 밝히는 것이었다. 그렇게 되면 낮에 못다 한 일이나 독서를 할 수도 있고, 도적이나 사나운 짐승들로부터 가족을 지킬 수도 있다. 그러나 그러한 시대는 다리 잘린 거북이처럼 더디 왔다. 이러한 인류의 꿈에 한 발자국 다가서게 한 불빛은 1879년 에디슨이 발명한 백열등이다.

이전에 사용하던 조명 방식인 기름이나 석유를 쓰는 등잔불과는 달리, 백열등은 텅스텐 필라멘트에 전기가 흐르면 열선에서 빛이 방출된다. 여기서 전기가 흐른다는 것은 '전자'가 이동한다는 것을 말한다. 수명이 1천 시간이나 되고 밝기가 등잔불과는 비교할 수 없을 정도로 밝기 때문에 거실 내부와 도시의 거리를 밝힐 수 있었다. 마침내 '전자'들이 오랫동안 숨죽이고 기다린 끝에 '스타'로 등장하게 된 것이다.

그들이 없이는 온 집안과 거리를 밝히는 것은 불가능했다. 그들은 우리에게 빛을 주기 위해서 몸을 사리지 않고 불태웠다. 다름 아닌 '전자'들 이야기이다. 전기를 필라멘트에 흘려주면 전자들이 몸을 이리저리 부딪쳐서 열을 발생시킨다. 이때 필라멘트의 온도가 올라가는데 고온에서 필라멘트가 타버리지 않도록 유리관 내부를 불활성 기체로 채워서 백색광을 방출하도록 하였다. 이렇게 만든 조명등이 바로 백열등이다. 우리 인류가 이미 100년 전에 '전자'들로 하여금 텅스텐이란 물질에 몸을 비벼 백색광을 복사하게 했다니 놀라운 일이 아닐 수 없다.

천천히 몸을 태우는 아이들

그 후, 좀 더 발전된 조명등이 1930년대에 세상에 나왔다. 그 장본인이 바로 형광등이다. 형광등은 백열등에 비해서 수명이 훨씬 길뿐만 아니라 에너지 효율도 좋다. 진공 유리관 벽에 형광물질을 칠하고 그 속에 아르곤과 수은을 넣은 채로 밀봉하여 만든다. 외부에서 유리관 내부에 있는 전극에 높은 전압을 걸어 전기를 방전시킴으로써 빛을 내게 하는 조명기구가 형광등이다.

물론 형광등에서도 '전자'와 '광자'들이 활약한다. 그들이 서로 협력함으로써 우리에게 빛을 제공한다. 좀 더 자세하게 말하면, 방전 시에 형광등 내부 전극으로부터 튀어나오는 가속 '전자'들이 수은 원자들과 충돌하여 수은 원자들을 높은 에너지 상태로 올려놓는다. 이때 수은 원자들은 높은 에너지 상태에 오래 머물러 있지 않고 다시 안정된 낮은 에너지 상태로 떨어지면서 1차로 '자외선 광자'를 방출한다. 그러나 자외선 빛은 눈에 보이는 가시광선이 아니므로 형광물질에서 '자외선 광자'를 흡수한 후에 다시 '가시광선'을 방출하는데, 이것이 형광등 불빛인 것이다.

이렇게 어떤 물질이 자외선처럼 에너지가 큰 단파장의 빛을 일단 흡수한 다음에 일부 에너지는 열이나 진동으로 잃어버리고 나머지 에너지에 해당하는 파장의 빛을 일정 시간 지속해서 발광하는 현상을 '형광'이라고 말한다. 엄격하게 구분해서 '형광'을 다시 '인광(phosphoresce)'과 '형광(fluorescence)'으로 구분하기도 하는데, '인광'의 발광 지속시간은 10초 이상으로 긴데 비해서

'형광'은 그보다 훨씬 짧은 것이 특징이다. 형광등을 껐을 때 한동안 남아있는 빛은 '인광'에 속한다. 이들 물질의 발광하는 파장과 발광 수명은 물질에 따라서 다르다.

5.1 사랑의 불빛을 밝히는 요정들

미시 세계에서도 어둠을 밝히고자 하는 꿈과 노력들이 있었다. '전자'들이 백열등에서 몸을 태워 빛을 내는 것이나, '전자'와 '자외선 광자'들이 협력해서 형광등에 불빛을 밝히는 것은 꿈을 향한 그들의 몸부림이다. 형광등은 백열등에 비해서 수명이 길고 에너지 소비도 적다는 점에서 백열등보다는 매력적이지만, 여전히 수명이 짧고 에너지 소모가 클 뿐만 아니라 유해한 수은을 사용한다는 점이 흠이다. 이러한 문제점들을 해결하는 데 있어서도 '반도체'가 열쇠였다고 말할 수 있다. 최근에 '반도체 LED'가 조명 분야에서 '슈퍼스타'로 등장한 것이다.

우리는 반도체가 전자와 정공, 즉 '작은 공룡'들이 놀기 좋은 곳이라고 이미 앞에서 말했다. 반도체에서 그들은 태어나서 일한다. 그곳에서 그들은 또 사랑을 나누고 빛을 방출한다. 역시 반도체는 '전자'와 '정공'이 만나서 사랑하기 좋은 곳이다. 반도체에 전류를 흘려주면 전도대역의 '자유전자'가 가전자대역의 '정공'과 만나서 '광자'를 하나 생산한다. 전도대역의 '전자'가 가전자대역의 '정공'과 만난다는 것은, '전자' 하나가 전도대역에서 가전자대역의 ‘빈자리’로 떨어지고 그 때마다 〈그림 2〉처럼 ‘광자’가 하나 방출된다는 것을 의미한다.

따라서 광자들의 원활한 방출을 위해서는, 우선 ‘전자’와 ‘정공’, 그들만이 떼로 모여 짝짓기 할 수 있는 그런 반도체 구조를 만들어 주어야 한다. 이처럼 다른 입자들의 간섭 없이 그들만이 만나서 ‘사랑할 수 있는 환경’이 그들에게 제공된다면, 반도체 LED의 발광효율은 최대가 될 수 있다. 이러한 점을 고려해서 개발한 것들이 ‘이종 이질접합’과 ‘양자우물’ 구조들이라는 것을 이미 2.2절에서 언급한 바 있다.

LED 조명의 역사는 꽤 오래되었다. 1907년 영국에서 무선기사였던 라운드(Henry Round)가 탄화규소(SiC) 결정에 전압을 가해주자 결정에서 다양한 색깔의 빛이 나오는 것을 발견했다. 이러한 전기발광(electroluminescence) 현상을 당시에는 이해하지 못했는데, 이것이 첫 번째 LED였다. 그 후 1954년부터 시작된 반도체 결정 성장 기술의 개발에 힘입어, 자연계에 존재하지 않던 화합물 반도체인 갈륨비소(GaAs) 결정이 제작될 수 있었다. 그러다가 마침내 1962년에는 갈륨비소를 기반으로 하는 적외선 LED와 적외선 레이저 다이오드(LD)가 처음으로 세상에 나왔다. 이 사건을 새로운 ‘광 반도체 시대’를 알리는 신호탄이라고 말할 수 있을 정도로, 곧이어 다른 화합물 반도체(GaP, GaAsP) LED들이 계속해서 개발되었다. 이들 LED로부터 적색, 녹색의 빛이 보고되었고, 그것들은 바로 전화기와 계산기, 그리고 각종 계측 기기의 디스플레이에 쓰이게 되었다.

다양한 색깔로 주변의 이목을 끌려고 애쓰는 것은 광자, 아니 요정[1]들만이 아니었다. 과학자들의 연구는 꿈속에서도 계속되었다. 희귀한 색깔의 날개를 달고 힘차게 떨어대는 '요정'들을 서로 먼저 보기 위해 그들은 열병을 앓았다. 별별 화합물의 조합과 불순물들, 그리고 구조물들이 감기 바이러스처럼 그들의 두뇌에 붙어 다니면서 괴롭혔다. 눈에는 가족이나 애인 대신 '황색 요정'이나 '청색 요정'들이 보였다.

그들 중에서 그래도 운이 좋았던 사람은 판코브(Jacques Pankove) 교수였다. 그는 동료들과 함께 1971년 RCA 연구소에서 질화갈륨(GaN) LED로부터 청색 발광을 처음으로 확인할 수 있었다. 그러나 아쉽게도 이들의 연구 프로젝트는 효율이 낮다는 이유로 중단되고 말았다.

5.2 청색 요정들의 출현

LED 응용 분야에서 백색 조명이나 디스플레이는 매우 중요하다. 이들 분야에서 고효율의 청색 LED는 벤처 기업의 핵심 두뇌와 같다. 이 때문에 판코브 일행의 포기 선언에도 불구하고 일본의 연구자들은 질화갈륨 청색 LED에 대한 연구를 지속했다. 그들은 '이솝 우화'에 나오는 거북이 같이 끝까지 꾸준함과 성실함으로 경주하여 결국은 승리할 수 있었다. 2014년에 '백색 광원용 고효율 청색 LED'에 대한 기여로 노벨상을 받은 아카사키(Aksaki), 아마노(Amano), 나카무라(Nakamura) 교수가 바로 그 주인공들이다.

일반적으로 발광다이오드에서 발광효율을 높이기 위해서는 어떻게 할까? 다시 한번 다이오드의 발광 원리를 살펴보자. 반도체에는 전도대역에 전자가 있고 가전자대역에 정공이 있다. 이들이 만나면, 즉 전도대역으로부터 가전자대역에 있는 '빈자리'로 전자가 떨어지면 그 에너지갭에 해당하는 에너지가 '빛'으로 방출된다. 따라서 발광효율을 높이려면 첫째, 이들이 많이 모일 수 있도록 좁은 우물과 같은 구조물을 만들어 주어야 한다. 그렇게 해주기 위해서 나온 구조가 '양자우물 구조'와 '이종 접합구조'인데, 물론 고효율 청색 LED에서도 이 구조들을 사용한다.

둘째, '전자'와 '정공'이 좁은 영역에서 만나 결합한다고 하더라도 '빛' 대신 '열'이 많이 나오면 발광효율이 낮아지게 된다. 여기서 '빛'은 '광자'를 말하고 '열'은 '격자진동'을 수반하는 '포논'[2]을 의미한다. 그렇기 때문에 발광효율을 높이기 위해서는, 열 방출은 최소로 억제시키고, 즉 '포논'을 배제시키고 '광자'는 최대한 많이 방출되도록 해줘야 한다.

'전자'와 '정공'의 결합에 '포논'이 끼어들면 발광효율은 어떻게 될까? 그리고 어떤 상황에서 '포논'이 관여하는 '비발광 결합'이 발생하는 것일까? 자세히 알아보자.

거의 모든 반도체 소자는 원자들이 규칙적으로 배열되어 있는 결정으로부터 만들어진다. 그러나 특정한 원자가 있어야 할 자리가 비어 있거나 혹은 그 자리를 외부 불순물 원자가 대신 채우고 있든지, 아니면 원자가 하나 더 끼워져 있는 등 여러 가지 결함이 반도체 내부에 있을 수 있다. 이러한 결함들은 금지대역 내부 깊숙이 '딥트랩' 에너지 준위[3]를 만들어 '포논'이 관여하는 '비발광 결합'을 활성화시킴으로써 발광효율을 감소시킬 수 있다. 그 밖에도 '포논'이 끼어들어 발광효율을 감소시킬 수 있는 현상으로 '오제결합'[4]이 있다. 오제결합은 '전자'와 '정공'이 결합할 때 '포논'을 발생시키기 때문에 고출력 고효율 LED를 위해서는 특히 주의해야 한다.

이렇게 대부분의 LED에서는 '포논'이 관여함으로써 발광효율이 떨어진다. 그러므로 고효율 LED 세계에서는 '포논'을 광자가 나오는 것을 훼방하는 '나쁜 놈'으로 볼 수 있다. 그래서 지금도 고효율 고출력 LED를 개발하기 위해서 '포논'을 배제하려는 연구가 세계 곳곳에서 경쟁적으로 이루어지고 있다. 그러나 일부 LED에서는 '딥트랩층'을 통해야, 즉 '포논'이 관여해야 비로소 발광이 이루어진다. 그 한 예가 질소가 함유된 갈륨인(N-doped GaP) 반도체 LED이다. 여기에서 '포논'은 '전자'와 '정공'이 만나서 짝짓기를 할 수 있도록 도와주는 '좋은 놈' 역할을 한다.

미시 세계도 우리 인간 세상과 비슷하다. 대부분의 반도체 LED에서 '포논'은 '나쁜 놈' 역할을 하기 때문에 제거의 대상이지만, 그놈을 잘만 활용하면 어떤 LED에서는 제법 쓸모 있는 '좋은 놈'이 될 수 있다. 이렇게 눈에 보이지 않는 작은 입자들이라고 하더라도, 악한 사람을 잘 설득시키면 선하게 쓸 수 있는 것처럼, 잘만 다루면 인류에게 빛이 될 수 있는 것이다. 이러한 인류의 노력으로 1990년대 초에 질화계(InGaN/GaN) 청색 LED가 개발되기 시작했고, 1990년대 후반에는 비로소 청색, 녹색 LED가 상용화되었다. 이로써 20세기가 다 저물기 전에 적색(R), 녹색(G), 청색(B) LED가 모두 세상에 출현하게 된 것이다.

우리 눈에는 빛의 '삼원색'인 적색(R), 녹색(G), 청색(B)을 감지할 수 있는 3개의 원추세포가 있다. 이들 원추세포들이 보내오는 신호들을 뇌에서 조합하고 처리함으로써 인간은 색을 식별할 수 있다. 디스플레이 화면에서 다양한 색을 구현하는 원리도 이와 비슷하다. RGB-LED 중에서 막내인 청색 LED의 상용화가 중요한 이유는, 이제부터는 LED로 모든 색을 구현할 수 있을 뿐만 아니라, 인류의 오랜 꿈이었던 친환경적인 '백색 조명등'을 반도체로 구현할 수 있기 때문이다.

암놈과 수놈의 들소를 각각 정공과 전자로 비유하고, 들소의 짝짓기를 훼방하는 하이에나를 '포논'으로 우화한 다음의 시 「들소와 하이에나」를 감상해 보자.

들소 떼가 초원에 몰려든다
우기가 되면 늘 시작하는 짓거리

들소들이 적색 황색 녹색으로 들떠 있다
발정난 들소 떼가 들소 떼를 좇는다
하이에나도 부실한 다리를 찾아 뒤를 좇는다
허기로 자욱한 신천지 길 입구에서
바르르 떨던 무리들 초원에서 하나가 된다
저마다 고유의 빛알갱이를 토해낸다
한 떼의 무리가 사라지면 또 한 떼의 무리가 몰려온다
쉬지 않고 지속되는 죽음과 환생의 반복
흘레질로 죽어 환생하는 적색 황색 녹색의 행렬
거리마다 휘젓고 다닌다

들소 떼가 늘어날수록
흘레질이 주춤 주춤하는 이유는
그들의 짓거리에 이종 변종 무리가 끼어 있기 때문인가
들소들이 초원에서 달아나지 못하도록
모 교수의 말대로 울타리를 더 키워야 하는가
황갈색 갈기를 날리며 포효하는 사자
기분 나쁘게 웃어대는 하이에나 무리들
그들의 갈증이 초원을 붉게 물들일 때마다
LED 가슴속이 사바나 열대야가 되어 간다

- 「들소와 하이에나」 전문, 『쥐라기 평원으로 날아가기』

5.3 백색 LED 시대를 열다

지구 생명체들에게 가장 친화적인 빛은 무엇일까?

우리에게 가장 친숙한 빛은 어떠한 빛일까?

햇빛은 젖먹이 때부터 늘 우리에게 낯익은 빛이다. 어릴 적에는 햇빛 아래, 들로 산으로 마구 뛰어다니며 놀았고 어른이 되어서는 기분 전환을 위해서 종종 화창한 날 공원을 산책하기도 했으니, 햇빛이야말로 우리에게 가장 친밀한 빛일 것이다. 햇빛은 여러 가지 스펙트럼으로 되어 있다. 그중에서 자외선의 일부와 대부분의 가시광선, 그리고 적외선의 일부만이 태양으로부터 지구에 도달한다. 다행히 우리 몸에 해로운 대부분의 자외선은 지구 대기권에서 차단된다. 하지만 일부의 자외선이 햇빛 속에 남아 있어서 우리 몸이 햇빛에 과다 노출되는 경우 암을 일으킬 수 있다.

그렇다면 자외선이 없는 햇빛을 구현할 수는 없을까?

물론 반도체 LED를 이용하면 가능하다. 그뿐만 아니라 분위기에 따라서 색깔이 변화하는 '감성 조명등'도 구현할 수 있다. 각각의 채소마다 최적화된 색깔의 빛을 밤낮으로 쪼여줌으로써 식물의 성장을 촉진하고, 어장에도 LED 기술을 활용해서 어획량을 증가시킬 수 있다. 그 밖에도 다양한 LED 응용 분야가 있다. 특히 조명 분야에서 '백색 LED'는 에너지 소모가 적고 인간 친화적이어서 기존 백열전구나 형광등을 대체할 조명등으로 각광받고 있다. 대부분의 응용 분야에서 이미 오래전에 진공관이 사라졌듯이 머지않아 백열등도 거의 다 사라질 전망이다.

그런데 백색광은 어떻게 만들어질까?

뉴턴은 일찍이 프리즘에 백색광을 통과시키면 여러 가지 색깔의 빛들이 분산되어 나온다는 사실을 알았다. 따라서 거꾸로, 무지개 색깔의 빛을 모두 다 섞으면 백색광이 된다는 사실을 맨 처음 과학적으로 밝힌 사람도 아마 뉴턴일 것이다. 이와 같이 모든 색깔의 빛을 다 섞으면 백색광이 될 뿐만 아니라, 빛의 삼원색인 적색(R), 녹색(G), 청색(B)을 모두 섞어도 백색광이 된다. 우리가 볼 수 있는 가시광선의 파장 범위는 사람에 따라서 다소 차이가 있지만 보통 400~700nm 정도가 된다. 그러나 스펙트럼을 분석하는 기계와는 달리 우리 인간의 눈으로는 가시광선이라고 하더라도 어떤 색깔인지 더구나 파장이 얼마인지 정확히 구분하는 데에는 한계가 있다. 심지어 우리 눈은, 녹색과 적색이 섞여서 황색으로 보이는 것인지, 아니면 순수한 황색인지조차도 구분하지 못한다. 그 이유는 인간의 원추세포들이 반응하는 파장대역의 폭이 꽤 넓기 때문이다. 그럼에도 불구하고 우리는 일상생활에서 전혀 불편함을 느끼지 못하고 살아가고 있다.

다시 '광자 이야기'로 돌아가서 광자라는 '요정'에 대해서 얘기해 보자. '광자'는 반도체 LED에서 튀어나온다. 이때 광자들의 수는 상황에 따라서 다르기는 하지만 엄청나게 많다. 파장 650nm를 중심으로 스펙트럼 폭이 50nm인 빛을 방출하는 적색 LED를 예로 들어보자. LED에서 나오는 광 출력이 0.1mW[5]라고 하면, 이때 방출되는 광자의 수는 초당 310조 개 정도가 된다. 이것은 물론 310조 개의 광자들이 모두 파장이 650nm인 적색 광자라는 의미는 아니다. 이 얘기는 스펙트럼 폭이 50nm이므로 광자들이 황색 근처의 적색 파장 625nm에서부터 적외선 근방의 적색 파장 675nm까지(650nm를 중심으로) 대충 300조 개가 분포되어 있다는 것을 의미한다. 다시 말해서 310조 개의 광자들이 같은 적색 계열이기는 하지만 색깔이 조금씩 다르다는 것을 말한다. 보통 LED의 스펙트럼 폭은 수십 nm 정도인데, 스펙트럼 폭이 넓을수록 광자들의 색깔도 더 다양하게 분포되어 있다고 말할 수 있다.

그러면 백색 LED에서 나오는 광자들은 과연 흰빛을 띠고 있을까?

요즘이 요정들의 시대인 것 같다. 어디를 가도 요정들 천지이다. 길거리를 한번 나가 보라. 녹색, 적색, 황색 요정들이 교통 신호등을 하나씩 맡아서 교통을 통제하고 있다. 교통순경을 대신해서 차로마다 나와서 요정들이 일하고 있는 것이다. 어디, 도로만 그러한가. 다리를 훤히 밝히는 요정들이 있는가 하면 터널마다 황색, 적색, 녹색 요정들이 운전자들에게 주의를 환기시키고 있다. 고층 건물 옥상은 청색, 보라색, 연두색 요정들의 밤무대, 번갈아 가며 몸을 흔드느라 밤이 익는 줄 모른다. 호수나 해변의 유원지는 총천연색 요정들의 춤 경연장, 보라색부터 적색까지 모든 빛깔의 요정들이 총동원되어 누드쇼를 벌인다.

요정, 광자들의 역할 중에서 가장 큰 일은 건물의 밖을 환하게 밝히는 일일 것이다. 그래서 나온 것이 백색 LED이다. 그런데 백색 LED는 거기에서 튀어나오는 광자들이 흰빛을 띠고 있어서 붙여진 이름은 아니다. 우리 눈에 띄는 모든 광자들은 그들 고유의 빛깔을 띠고 있다. 적색 광자는 붉은빛을 띠고 있고, 청색 광자는 푸른빛을 띠고 있다. 하지만 놀랍게도 흰빛을 띠고 있는 백색 광자는 존재하지 않는다. 다만, 빛의 삼원색을 골고루 잘 섞어 놓거나 모든 색깔의 빛을 다 합하면 백색으로 보이듯이 여러 색깔의 광자들이 한데 모여서 흰빛으로 보일 뿐이다. 다양한 빛깔의 요정들이 합심해서 대낮의 햇빛처럼 환하게 연출하는 것이다.

여러 색깔의 광자들이 모여서 백색광을 만드는 방법도 다양하다. 첫째 방법은 3가지 색을 섞는 것이다. 청색, 녹색, 적색 LED에서 나오는 빛들이 망막에 있는 원추세포에서 감지되면 우리는 백색광으로 느낀다. 둘째 방법은 2개의 보색을 섞어서 백색광을 만드는 방법이다. 청색과 황색을 섞으면 백색으로 감지되기 때문에 청색과 황색 LED 빛을 혼합해서 백색광을 구현할 수 있다. 여기서 두세 개의 빛깔을 섞어서 백색 LED를 만들 때, 보통 실용적인 방법으로 형광물질을 사용한다. 특수한 형광물질을 반도체 LED 위에 도포하면 LED에서 1차로 발광하는 광자 일부가 흡수된 후 파장이 더 긴 광자를 재발광하게 된다. 이때 1차 광자가 청색이고 재발광 광자가 황색이면 두 광자들이 섞여 LED에서 백색광이 나온다.

이와 같이 청색 LED와 황색을 발광하는 형광물질을 조합해서 백색 광원을 구현할 수 있다. 이러한 2색 백색광 LED는 연색성[6]이 다소 낮다는 흠이 있지만, 발광효율이 높다. 디스플레이나 거리 조명 분야에 널리 쓰인다. 그 밖에도 자외선을 받으면 각각 적색, 녹색, 청색 빛을 방출하는 3가지 형광물질과 함께, 자외선 LED를 사용하여 3색 백색광 LED를 구현할 수 있는 방법이 있는데, 이러한 LED는 연색성이 높아서 고급 조명 분야에 널리 활용할 수 있다.

여러 색깔의 요정들이 반도체에서 나와서 백색 자연광을 구현할 수 있고, 또 그렇게 연출할 수 있는 기법들이 이렇게 많이 있다니 놀라운 일이다.

5.4 거리의 가로등과 신호등

그들은 아침마다 멀리서 날아온다. 그리고는 암흑의 세력들을 몰아내고 산과 들과 강과 바다를 모두 그들의 기운으로 채운다. 그럴 때는 산과 들, 그리고 동네마다 콩콩 심장 뛰는 생명의 소리들로 가득하다. 그들은 태양에서 구름을 뚫고 날아온 광자들이다. 그들이 없이는 이곳은 한낱 우주 속에 버려진 무덤, 그들이 있기에 이곳은 환한 대낮이다.

그러나 저녁이 되면 점점 어둠으로 채워지고 태양은 바닷속으로 제 새끼, 광자들을 이끌고 자러 들어간다. 그러나 밤에도 나타나서 어둠을 물리치는 요정들이 이 땅에 있으니, 그들은 전자와 정공 사이에서 태어나서 가로등에서 마구 쏟아져 나오는 광자들이다. 밤새도록 길거리를 환하게 밝힐 수 있는 것은, 그들이 빠르게 또는 느리게 날갯짓을 할 때마다 형형색색의 빛을 내뿜기 때문이다. 도심의 상가 골목에서 쏟아져 나오는 현란한 요정들을 보라. 그러나 광고판 디스플레이에서 나오는 그들의 누드 색깔에 현혹되지 마라. 그들은 때때로 너와 나의 눈을 멀게 한다.

천문학적인 숫자의 요정들!

그들 중에서 일부는 도시의 교차로마다 달려가서 온종일 교통을 통제한다. 지칠 줄도 모르는 요정들은 LED 신호등이 수명을 다할 때까지 그 자리에서 불평 없이 일만 한다. 형광램프 신호등이 마지막까지 숨죽이고 있던 자리마저 모두 이들 LED가 점령하고 있다. 앞으로는 모든 철도와 항만, 공항 등의 교통 통제소는 그들이 없이는 기능이 마비될 것이다.

한번 이렇게 상상해 보자.

만일 그들이 어느 날 갑자기 인간의 탐욕에 회의를 느끼고는 '작은 공룡'들과 합세하여 일제히 반기를 든다면 어떠한 일이 벌어질까? 대 혼돈으로 다시 원시시대 이전으로 돌아가지는 않을까?

5.5 지구 점령 시나리오의 끝은 어디인가?

광자들이 반도체에 출현하면서부터, 백색등과 형광등이 일하던 자리를 반도체 LED가 빠르게 차지하고 있다. 그 속도는 먹잇감을 앞에 놓고 달려드는 굶주린 티라노사우루스처럼 무섭다. 지구촌에 있는 수많은 도시의 가로등과 모든 가정의 실내등이 LED로 대체되고 있다. 그것은 LED가 환경친화적이고 수명도 길뿐만 아니라 에너지도 적게 들기 때문이다. 일부를 제외하고는 자동차의 실내등이나 터널과 다리에 있는 조명등들도 거의 모두 LED로 교체 중에 있다. 컴퓨터, 휴대폰과 TV와 같은 가전기기에 있는 불빛들은 이미 LED와 그의 형제들의 작품이다. 식물을 재배하는 식물공장(plant factory)과 가축을 키우고 어류들을 양식하는 곳에서도 예외는 아니다. 불빛이 필요한 곳이면 병원이든지, 장례식장이든지, 대기업 공장이든지 가리지 않고 점령하고 있다.

그들은 아마도 하나 이상의 지구 점령 시나리오를 갖고 있을 것이다. 그래서 지금 그 시나리오대로 가고 있는 중이며, 이미 지구촌이 대부분 그들에게 점령당했는지도 모른다. 휴대폰과 인터넷 그리고 TV 속에서 광자들이 끊임없이 우리들을 세뇌하고 있다. 이미 숱한 우리 자녀들과 친구들이 세뇌되어 치료가 불가능한 중독 증상을 보이고 있다. 그들이 쇼하는 게임 영상 속에서 노예로 붙들려 있기도 하고, 더러는 그들이 설치한 인터넷의 덫에 걸려들기도 하고, 더러는 TV 드라마에 잡혀 있다가 겨우 탈출하기도 한다.

그렇다고 희망적인 부분이 없는 것은 아니다. 그들은 그동안 우리들에게 경고의 메시지와 함께 희망의 메시지를 끊임없이 보내고 있었다. 다만 우리 마음의 문이 탐심으로 굳게 닫혀 있어서 그들이 들려주는 부드러운 음성을 듣지도 느끼지도 못했을 뿐이다. 앞으로도 그들은 우리가 듣거나 말거나 메시지를 계속 보낼 것이다.

그들 덕분에 지구촌에 살고 있는 우리는 모두 한 가족처럼 서로 소통하고 있다. 어둠 속에서 살고 있던 우리는 이제 밤에도 낮처럼 광명 속에서 지낸다. 누구나 생각만 있으면 인터넷 동영상을 통해서 쉽게 공부할 수 있다. 그들이 가져다 준 의료 기술의 발달로 우리의 수명은 늘어났고, 원격진료도 가능하게 되었다. 여기서 끝이 아니다. 그들은 우리들이 가는 곳이면 어디든 따라다니며 우리의 손발이 되고 눈과 귀가 되어 준다. 광자, 그들이 없이는 이제 우리는 불안하고 초조하다. 그들은 우리에게 '어린 천사'들이다.

우리에게 '어린 천사'가 되는 것이 그들의 궁극적인 시나리오의 끝이길 바란다.

06

광자의 몸에서 공룡들이 나오다

지구 탄생 이후로 수없이 많은 시간이 흘렀고, 그 사이 지구에는 수많은 동물과 식물들이 번성하게 되었다. 이들 지구 생명체들이 그동안 지금까지 생존할 수 있었던 것은 그들에게 에너지가 끊임없이 공급되고 있었기 때문이다. 그러면 이 생명체들은 어떠한 에너지를 공급받고 있었을까?

태양으로부터 지구의 대기권을 향해 수직으로 쏟아져 내리는 태양광의 복사에너지는 어림잡아 1.4 kW/m^2이다. 그런데 이 중에서 50% 정도는 대기권에서 흡수되거나 우주로 반사되고 나머지 50% 정도만이 지구 표면에 도달하게 된다. 이 에너지의 양은 굉장히 커서 전력량으로 환산하면 대략 3.5억 GW에 이른다. 이 에너지들 중에서 극히 일부가 식물의 광합성에 쓰이고, 나머지는 지구의 온도를 덥히거나 동물들을 키우는 데 쓰인다.

이렇게 태양광에너지는 엄청나게 크다.

이 에너지를 우리 조상들이 사용할 줄 몰랐던 것은 아니다. 기원전 424년에 그리스 희극작가 아리스토파네스(Aristophanes)는 그의 희극 〈구름〉에서 '태우는 유리'를 언급했는데, 이것은 그 당시에 이미 사람들이 볼록렌즈로 태양광을 모아서 불을 지폈으리라는 것을 암시해 주고 있다. 그리고 전설처럼 들리는 이야기지만, 기원전 2세기경에는 그리스 과학자 아르키메데스가 반사경으로 빛을 모아 로마 함선을 불태웠다는 기록도 있다. 이렇게 인류는 이미 이천 년 전부터, 갓난애 수준이기는 하지만 '햇빛'이라는 '태양광에너지'에 대해서 조금은 알고 있었고 관심도 갖고 있었다.

우리 인류가, 주변에 무공해 청정에너지가 무한히 많이 있고, 그 에너지가 바로 태양광에너지라는 것을 재확인하게 된 계기는, 아마도 1954년 미국 벨연구소에서 효율 4%인 실리콘 태양전지(solar cell)를 개발하면서부터일 것이다. 그러나 태양전지의 역사는 프랑스 물리학자인 베크렐(Becquerel)이 1839년 '광기전력 효과(photovoltaic effect)'를 발견하면서 시작되었다. '광기전력 효과'란 물질에 빛을 가했을 때 기전력[1]이 발생하는 현상으로, 초기에는 셀레니움(Se)이 재질로 이용되었다. 그러나 셀레니움 태양전지의 효율이 1% 정도로 매우 낮아서 빛을 보지 못하다가, 그 후 에너지 변환효율 특성이 우수한 실리콘이나 갈륨비소와 같은 반도체의 등장으로 본격적인 '태양광에너지 시대'를 맞이하게 되었다.

그럼 '태양광에너지 시대'의 주인공들은 누구일까?

짐작하고 있었겠지만 여기서도 숨은 주역들은 '광자'들이다. 이들이 '태양광에너지 시대'에서 전력을 생산하는 일꾼들이다. 이들이 어떻게 일하고 있는지를 한번 살펴보는 것은 의미가 있는 일이다. 반도체라는 공장에서 태양광에너지를 어떻게 생산해 내는지 한번 들여다보기로 하자.

6.1 전력을 생산하는 아이들

새벽에 동이 트면 어김없이 우리를 찾아오는 아이들이 있다. 종알종알 분명히 뭐라 지껄이지만 알아들을 수가 없다. 그래도 아랑곳하지 않고 춤을 추고 손짓 발짓으로 재롱을 부린다. 그들의 디테일한 몸짓이나 메시지에 우리는 눈뜬장님이지만 그들에게 포기란 없다. 그들이 보내주는 '따스한 온기'에 우리 몸이 금세 포근해지고, 그들이 뿌려주는 '생명의 밝은 빛'에 마음속까지 밝아지고 있는 것은 그들이 '천사'들이기 때문일까?

'빛'이 무엇인지에 대해서 천재 과학자들조차도 평생 고민하다가 생을 마감했다. 뉴턴은 빛을 입자라고 생각했지만 그것을 결국 다 이해하지 못했다. 아인슈타인은 빛이 불연속적인 에너지를 갖는 '광자'라는 입자 덩어리라는 가설을 내세움으로써 '현대 물리'의 뿌리인 '양자역학'의 탄생에 크게 기여했지만 임종 시까지 끝내 '양자역학'을 받아들이지 않았다. 여전히 '빛'과 '광자'는 우리에게 아직도 신비의 대상으로 남아 있다. 어느 과학자가 말했듯이, 우리는 '그들과 물질 간의 상호작용으로 일어나는 현상들'로부터 다만 그들을 추측하고 짐작할 수 있을 뿐이다.

앞에서 언급했듯이 빛을 금속에 조사시켰을 때 매질로부터 전자가 방출되는 것은 구속되어 있던 전자가 '광자'의 빛에너지를 받아서 금속으로부터 튀어나오기 때문이다. 이것이 아인슈타인의 '광전효과'이다. 매질에 빛을 쪼여주었을 때 기전력이 발생했던 베크렐의 '광기전력 효과'도 광자가 관여해서 일어난 현상으로 '광전효과'와 별반 다르지 않다. 따라서 '광기전력 효과'를 이용해서 태양광으로부터 전력을 생산하기 위해서는 무엇보다도 태양광에너지를 나르는 광자들의 역할을 잘 이해할 필요가 있다.

전력을 생산하는 공장

'광자'가 정보통신을 비롯한 LED 조명 분야에서 20세기에 '슈퍼스타'로 떠올랐다는 것을 우리는 이미 잘 알고 있다. 그들은 '태양광에너지' 분야에서도 '슈퍼스타'일까? 물론 그렇다. 태양광에너지는 무공해인데다가 고갈될 염려가 없어서 앞으로 화석연료를 대체할 강력한 후보로 떠오르고 있다. 이러한 이유 때문에, '광자'들의 역할이 '태양광에너지' 분야에서도 절대적이

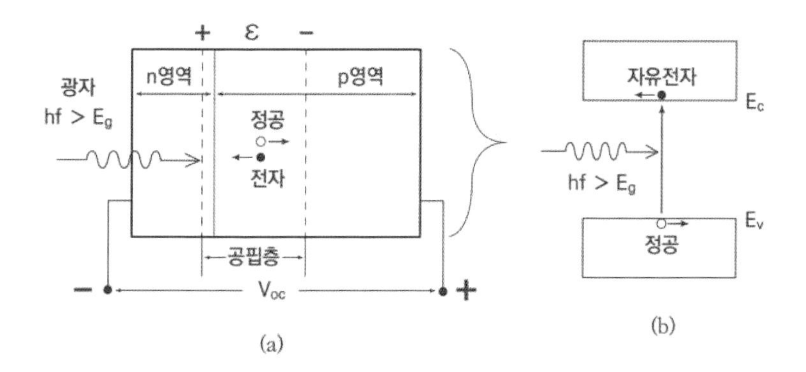

〈그림 6.1〉 광자들이 전력을 생산하는 원리

(a) 태양 전지의 동작 원리, (b) 에너지 밴드에서 전자와 정공의 탄생.
입사하는 광자에 의해서 공핍층 안에서 깨어난 전자와 정공은 내부 전계 ε에 의해서 서로 반대 방향으로, 즉 정공은 p-영역의 전극 쪽으로 전자는 n-영역의 전극 쪽으로 이동하여 양단에 전압 V_{oc}가 발생한다. 두 단자를 외부 회로와 연결하면 전류가 흐른다.

라고 할 수 있다. 특히 반도체가 빛을 발하는 '반도체 시대'에서는 더욱 그렇다.

그들이 '반도체 시대'에 여기저기에서 '스타'로 떠오르고 있는 것은 우연이 아니다. 그것은 반도체가 '광자'들에게 일하기 좋은 환경을 제공하고 있기 때문이다. 태양으로부터 날아온 광자가 전력을 생산하는 공장을 우리는 반도체 '태양전지'라고 부른다.

그렇다면 '태양광'으로부터 전력 또는 기전력을 생산하기 위해서 광자들은 반도체에서 어떠한 일들을 할까? 우선 반도체 태양전지에서 전력이 생산되는 원리는 '광기전력 효과'[2]에 기초하고 있다. 간단히 말해서 '광기전력 효과'는 광자가 p형과 n형 반도체의 접합 부분에 입사하여 전자와 정공이 생성되고, 〈그림 6.1〉과 같이 반도체의 내부 전계 ε에 의해서 서로 반대 방향으로 분리되어 이동함으로써 전력이 발생하는 현상을 말한다.

다만 여기서 한 가지 주목할 점은 반도체에서 가전자대역의 전자가 광자로부터 빛에너지를 받는다고 해서 무조건 '전자'와 '정공' 즉 '작은 공룡'들이 깨어나는 것은 아니라는 것이다. 다시 말해서 충분한 온기나 열에너지를 받아야 병아리가 알에서 깨어날 수 있는 것처럼, 광자의 에너지($E=hf$)가 적어도 '전자'가 에너지갭(E_g)을 뛰어넘을 정도로 충분히 커야 한다[3]. 그러한 조건 즉, $E > E_g$인 경우에, 전도대역으로 '전자'가 점프해서 올라갈 수 있고 가전자대역의 '빈자리'에는 '정공'이 생기게 되는 것이다. 그런데 앞에서 언급했듯이 광자들의 에너지가 주파수나 색깔에 따라서 다르고, 파장에 반비례하므로 '초록색 광자'의 에너지가 '적외선 광자'의 에너지보다 더 크다. 이것은 에너지갭이 큰 어떤 반도체에서는 '초록색 광자'가 '작은 공룡'들을 부화시킬 수 있겠지만, 에너지가 에너지갭보다 작은 '적외선 광자'는 부화시킬 수 없다는 것을 의미한다.

화합물 반도체인 갈륨비소(GaAs)를 예로 들어보자. 갈륨비소의 에너지갭은 1.4eV로 실리콘의 에너지갭 1.1eV에 비해서 에너지갭이 더 크다. 만일 반도체에 '초록색 광자'가 입사하면, '초록색 광자'의 에너지가 두 반도체의 에너지갭보다 크기 때문에 두 반도체 모두에서 '작은 공룡'들이 부화한다. 그러나 파장이 0.95μm인 '적외선 광자'가 입사하는 경우에는 실리콘에서만 '작은 공룡'들이 방출된다. 이것은 파장 0.95μm에 해당하는 광자 에너지가 1.29eV 정도로, 실리콘의 에너지갭 1.1eV보다는 크지만 갈륨비소의 에너지갭 1.4eV보다는 작기 때문이다.

'태양광'에는 자외선에서 적외선까지 넓은 스펙트럼에 걸쳐서 다양한 광자들이 분포되어 있다. 자외선은 파장이 가시광선보다는 짧고 엑스선보다 긴 영역으로, 체내 물질과 화학 반응을 일으켜서 생명체에 심각한 피해를 줄 수 있을 정도로, '자외선 광자'의 에너지는 크다. 다행히 지구의 오존층에서 대부분의 자외선을 차단시켜 땅 위의 생명체들을 보호해 준다. 그러나 적외선은 가시광선보다 파장이 길고 마이크로파보다는 짧은 영역으로, 대부분의 분자는 적외선을 흡수한다. 우리 피부가 '태양광'에 노출될 때 '따스함'을 느끼는 것은 '적외선 광자'가 몸에서 열에너지로 바뀌기 때문이다.

실리콘(Si)은 모래가 주원료라서 자원이 무궁무진하다. 그렇기 때문에 태양전지 산업체에서는 대부분 실리콘 반도체를 태양전지로 사용한다. 실리콘 반도체에서 '광자'들이 전자와 정공, 즉 '작은 공룡'을 생산하는 데 참여할 수 있는 파장 대역은 0.35~1.1μm 정도이다. 이것은 모든 '가시광선 광자'와 일부 '자외선-적외선 광자'만이 전력 생산에 참여함을 의미한다. 이 스펙트럼 범위에 있는 '광자'들이 많으면 많을수록 더 많은 전자들과 정공들이 '전기에너지'를 만드는 데 참여한다. 다시 말해서 광자들이 많을수록 '빛에너지'가 태양전지에서 '전기에너지'로 더 많이 변환된다.

그러나 '광자'와 '작은 공룡'들이 전력을 반도체에서 얼마나 많이 생산하느냐는 변환효율에 달려 있다. 만일 빛에너지 중에서 절반가량이 전기에너지로 변환된다고 한다면 변환효율은 50퍼센트에 이르지만, 보통 변환효율은 그리 높지 않다. 변환효율은 반도체의 에너지갭 특성뿐만 아니라, 광자들이 반도체 표면에서 얼마나 반사되는지, 그리고 광자에 의해서 생성된 자유전자와 정공이 외부 회로로 얼마나 많이 모아지는지 등에 따라서 달라진다. 참고로, 에너지갭의 특성상 갈륨비소가 실리콘보다 효율이 2배 이상 높지만 비싸기 때문에 갈륨비소는 인공위성과 같이 고효율을 요구하는 시스템에 주로 사용된다.

멀리서 태양광에너지를 날라 오는 광자들의 수고를 생각해 본 적이 있는가? 셀 수 없이 많은 굴절-흡수-산란을 거치는 동안 대부분의 동료들을 잃은 슬픔도 잊은 채, 마지막 '녹색별'을 지키기 위해서 혼신의 힘으로 달려 왔을 광자들! 그들의 여행 목적은 오직 하나, 그것은 지구에 청정에너지를 공급하여 인류에게 무공해 채소와 우유를 조달함으로써 이 땅을 환경 문제 없는 '녹색별'로 영원히 보전하는 것이리라.

광자는 천사이다

20세기 중반에 인류가 발견한 반도체는 광자들이 마음껏 활동할 수 있는 꿈의 무대라고 해도 지나치지 않을 것이다. 그곳에서 '광자'들은, 마치 쥐라기 평원에서 어미 공룡들이 새끼 공룡들을 부화시키듯이, 그들이 지니고 있는 빛에너지를 공급해서 ‘작은 공룡’들인 전자’들과 ‘정공’들을 부화시킨다. 놀라운 것은 이렇게 깨어난 ‘작은 공룡’들이 눈을 뜨자마자, 거북이 새끼들이 알을 깨고 나오자마자 필사적으로 바다를 향해 기어가는 것처럼, 반도체 평원을 가로질러 ‘전하’와 ‘전력’을 공장까지 운반한다는 것이다. 이들에게 ‘전력’ 운송은 아마도 태생적으로 주어진 것이기에 당연한 일인지 모른다. 우리들 모두는 자연의 법칙인 ‘쿨롱의 법칙’에 지배를 받고 있다. ‘작은 공룡’의 DNA 속에도 ‘쿨롱의 법칙’이 흐르고 있다고 말할 수 있다. ‘작은 공룡’들에게 ‘쿨롱의 법칙’은 음전하인 ‘전자’가 양극으로 이동하고 양전하인 ‘정공’이 음극으로 이동하는 것을 말한다.

‘작은 공룡’들이 자연의 법칙에 순응하면서 그들의 책무를 완수하는 것을 우리는 날마다 목격한다. 태양광 지붕에서도, 태양전지 시계나 계산기에서도 그들이 일하는 소리가 들리지 않는가. 여기저기에서 광자가 그들을 깨우는 소리가 들리지 않는가. 구속되어 있는 전자들이 가전자대역을 탈출하여 ‘자유’를 얻을 수 있도록 에너지를 공급해주는 광자들, 자유를 얻은 후에 전자들이 전력을 운반할 수 있도록 소임을 다하는 광자들, 분명히 태양전지에서 일하는 광자들은 작은 공룡들에게 영락없는 천사들인 것이다.

그들에게만 천사일까?

우리는 날마다 광자들과 교감하면서 또 그들의 도움을 받아가며 살아간다. 그들이 없이는 하루도 안락하게 살아갈 수 없다. 그들을 보고 절로 미소를 띠는 것은 우리의 마음이 그들에 의해서 따뜻해지기 때문일 것이다. 우리를 위해서 밤낮으로 빛 에너지를 실어 나르는 그들은 하늘이 보낸 천사들임에 틀림없다. 그들은 날마다 우리의 삶에 활력을 불어 넣어주는 알약을 날라다 주지 않는가. 그 알약은 근심을 희망으로 바꿔주는 묘약이다. 우리가 그들을 바라볼 때마다 우리에게 포근히 다가와서 우리의 '천사'가 되어줄 것이다. 이러한 이유 때문에 우리는 이 책에서 광자를 '어린 천사'라고 부른다.

6.2 눈사태처럼 쏟아져 나오는 공룡들

앞 절에 나오는 반도체 태양전지는 일종의 반도체 광다이오드이다. 이들 반도체 광다이오드는 태양에서 날아오는 광자들로부터 전력을 얻을 수 있을 뿐만 아니라, 광통신시스템의 수신단에서 광자가 가져온 다양한 형태의 정보통신 신호를 검출하는 데에도 쓰인다. 이렇게 수신단에서 광자가 배달한 광신호를 전기신호로 변환해서 신호를 검출하는 반도체 광다이오드를 수광소자라고 부른다. 여기서 주목할 점은 앞에서 살펴본 태양전지(〈그림 6.1〉 참조)와 마찬가지로 이들 반도체 수광소자도 주로 p형과 n형 반도체를 접합한 PN-접합 구조를 하고 있다는 것이다. 이렇게 아직도 다양한 광시스템에서 PN-(접합) 광다이오드[4]가 인기 있는 이유는 무엇일까? 그것은 이 구조가 간단하면서도 광자들이 '작은 공룡', 즉 전자와 정공을 부화하는 데 효

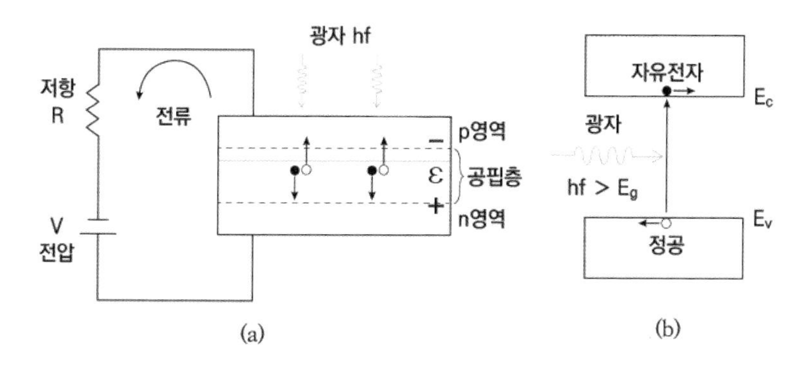

〈그림 6.2〉 광자의 소멸과 자유전자와 정공의 탄생

(a) PN-광다이오드의 개요도, (b) 에너지 밴드

율적이기 때문이다.

그렇다면 어떻게 광자들이 이 반도체 수광소자에서 전자와 정공을 부화시킬 수 있을까? 그 동작 원리는 우리에게 이미 익숙한 '광전 효과'이다. 반도체 수광소자에서의 '광전 효과'도 아인슈타인이 처음 발견한 금속에서의 '광전 효과'나 태양전지에서의 '광기전력 효과'와 유사하다. 따라서 '광자'들이 수광소자, 즉 광다이오드에 입사하면 그 숫자에 비례해서 〈그림 6.2〉와 같이 전자와 정공이 생성되고, 그 결과로 전류와 함께 전기신호가 발생한다.

이 전기신호는 송신자로부터 전달받은 최초의 메시지인 광신호를 포함하고 있기 때문에, 결국 송신자의 메시지를 검출해낼 수 있다. 이 얘기는 쉽게 설명해서, '광자'들이 10101100이라는 8비트의 디지털 광신호를 전달한다고 할 때, 광다이오드에서 발생하는 전기신호도 동일한 8비트의 신호, 10101100

이라는 의미이다. 여기서 광신호에서 '1'은 광자나 빛이 매우 많음을 뜻하고, '0'은 빛이 아예 없거나 적음을 뜻한다. 전기신호에서도 마찬가지이다. '1'은 전자(혹은 전류)가 매우 많음을 '0'는 없거나 아주 적음을 의미한다. 이것이 광통신시스템에서 PN-접합 광다이오드, 즉 수광소자가 광신호를 수신하는 원리이다.

반도체 안에 공룡의 부화장이 있다

광케이블을 통해서 광자가 초고속으로 메시지를 수신자에게 전달하려면 어떻게 해야 할까? 우선 광자는 송신자가 주는 메시지를 받아서 '빛의 고속도로'를 달려 수신자에게 도달해야 한다. 그리고는 광통신시스템의 수신단에 있는 수광소자의 공핍층으로 들어가 '작은 공룡'들을 부화시켜야 한다. 이때 대부분의 전자와 정공들이 공핍층에서 부화되기 때문에 공핍층이 부화장인 셈이다. 따라서 가능하면 많은 전자와 정공들이 알에서 깨어나서 광자로부터 받은 메시지를 수신자에게 정확하고 빠르게 전달하려면 부화장인 공핍층의 폭이 넓어야 한다. 그래서 나온 구조가 반도체의 p영역과 n영역 사이에 진성영역[5]을 끼어 넣은 p-i-n 구조이다. 이 구조를 한 PIN-광다이오드는 공핍층이 넓은 영역에 걸쳐서 쉽게 형성되기 때문에, PN-광다이오드보다 메시지를 받아서 전달하는 속도가 빠르고 정확하다.

반도체 광다이오드에는 지금까지 설명한 PN-광다이오드, PIN-광다이오드 외에도 APD(avalanche photodiode)가 있다. 여기서 한 가지 알아두어야 할 점은 PN-광다이오드와 PIN-광다이오드가 '선형적인 공룡 부화장'이라고 한다면, APD는 '비선형 공룡 부화장'이라고 해야 한다. 여기서 '선형적인 부화장'이라는 말은 광자 하나가 입사하여 한 쌍의 작은 공룡, 즉 전자-정공 한 쌍이 생성되고, 두 개의 광자가 입사하여 두 쌍의 작은 공룡들이 생성된다는 의미이다. 반면에 '비선형 부화장'이란, 부화하는 '작은 공룡'의 수가 입사하는 광자의 수에 선형적으로 비례하지 않고, 하나의 광자가 공핍층으로 들어와서 수 십 또는 수 백 쌍의 작은 공룡들을 부화시킨다는 뜻이다.

어느 경우든지 '반도체의 공핍층에서 광자가 작은 공룡을 부화시킨다는 의미'는 '가전자대역에 있는 전자를 전도대역으로 올려 보낸다는 의미'이기 때문에, 앞에서도 언급했듯이 광다이오드에 입사하는 모든 광자의 에너지$(E=hf)$가 적어도 반도체의 에너지갭(E_g) 보다 더 커야 한다.

공룡들도 사태가 일어난다

알 하나에서 한 마리의 병아리가 나오는 것은 놀랄 일이 아니다. 그러나 알 하나에서 수백 마리의 병아리가 우수수 쏟아져 나온다면 누구나 깜짝 놀랄 것이다. 이러한 일이 반도체에서는 실제로 매일 일어나고 있다.

하나의 광자가 수백 쌍의 작은 공룡들을 부화시킬 수 있다니 놀랍지 않은가!

광자 하나가 입사해서 수백 개의 전자-정공 쌍들을 생성시키는 데는 많은 비밀이 숨어 있다. 우리는 지금부터 그 비밀을 파헤쳐 볼 것이다. 전자가 증폭되는 경우만을 우선 살펴보자.

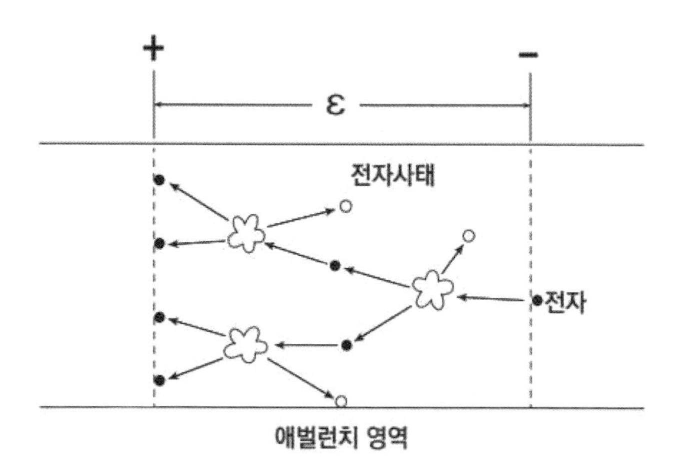

〈그림 6.3〉 애벌런치 영역에서의 전자사태(공룡사태)

우선 입사하는 전자 하나가 강한 전계($\varepsilon > \varepsilon_{th}$) 하에서 충분히 큰 에너지를 얻은 후에 원자와 충돌하여 전자-정공 한 쌍을 발생시킨다. 이들 입자들은 다시 같은 과정을 거듭거듭 반복하면서 전자-정공 쌍을 폭발적으로 증가시킨다.

광자 하나가 공핍층에 입사하여 하나의 전자-정공 쌍을 발생시킨다고 하자. 이때 발생한 전자 하나는 전기에너지에 의해서 가속되어 진행하다가 중성원자와 충돌하여 2개의 전자들이 되고[6], 다시 2개의 전자들이 가속된 후 다른 2개의 원자들과 충돌하여 4개가 되는 식으로 그 수가 기하급수적으로 증폭되는데 이것을 '전자사태(electron avalanche)'라고 한다. 물론 이러한 '전자사태'는 전자가 공핍층에서 충분히 가속되어야 일어나는데 뒤에서 좀 더 설명하겠다.

비슷한 사태(avalanche) 현상은 거시 세계에서도 자주 일어난다. 경사진 산비탈의 흙이 비를 장시간 머금고 있다가 지탱하는 힘보다는 밑으로 내려가려는 힘이 커지면 흙이 조금씩 움직이기 시작하다가 결국 산사태가 일어난다. 눈사태도 마찬가지이다. 산비탈에 있는 눈이 녹기 시작하면 눈이 받는 중력이 경사면의 마찰저항보다 커져서 처음에는 조금씩 흘러내리던 눈덩이가 어느 순간 갑자기 대량으로 쏟아져 내린다. 따라서 눈사태는 산비탈의 경사도가 클수록, 그리고 마찰저항이 작을수록 잘 일어난다. 여기서 산비탈의 경사가 급하다는 것은 눈에 저장된 중력 퍼텐셜에너지가 그만큼 폭발적으로 방출되기 쉽다는 뜻이다.

다시 미시 세계로 돌아가자. 이미 앞에서 사태 현상을 이용해서 광신호를 검출하는 수광소자를 APD라고 했다. 그렇다면 실제로 이러한 '사태'가 일어나는 반도체 APD는 어떠한 구조를 하고 있을까? 우선 외부에서 전압을 걸어주었을 때 넓은 영역에 걸쳐서 공핍층이 형성되고, 특히 일부 구간 즉, 애벌런치 영역에서는 전자가 충분히 가속되어 '전자사태'가 일어날 수 있는 구조를 하고 있어야 한다[7].

전자 하나가 애벌런치 영역에서 충분히 가속되면 원자와 충돌하여 전자-정공 쌍을 발생시킬 수 있다. 이와 같이 가속 전자가 원자와 충돌하여 자유전자와 정공들이 방출되는 현상을 '충돌 이온화'[8]라고 한다. 이때 생기는 자유전자와 정공들은 다시 애벌런치 영역에서 위의 과정을 거듭하면서 〈그림 6.3〉에서처럼 제2, 제3의 이온화 과정을 거치는데 이 과정에서 전자-정공 쌍의 수가 폭발적으로 증가한다.

따라서 '광자' 하나가 입사하여 '작은 공룡' 한 쌍을 부화시킬 수 있는 광다이오드(PN, PIN)와는 다르게, APD는 '광자' 하나가 입사하여 전자사태 과정을 거치면서 수백 쌍의 '작은 공룡' 들을 부화시킬 수 있다[9]. 다시 말해서 수신단에 있는 APD에 소수의 광자만 도달해도 '전자사태'를 통해서 생성된 수많은 '작은 공룡'들로부터 원래의 메시지를 복원해 낼 수 있다. 이러한 점 때문에 아주 멀리 있는 수신자들에게 광자들을 정보 전달자로 보내는 장거리 광통신에서는, 수광소자로 PIN-광다이오드보다는 APD를 선호한다.

자연에는 산사태나 눈사태 외에도 수많은 사태들이 있다. 보통 이러한 사태들은 파국을 초래하기 때문에 조심해야 한다. 그러나 미시 세계에서 일어나는 사태의 경우는 우리가 잘만 이용하면 유익하게 활용할 수 있다. 그 한 예가 여기에 나오는 'APD'이다. '어린 천사', 광자 하나가 '전자사태'를 거쳐서 수백 또는 수십 개의 전자와 정공들을 부화시킴으로써 아주 작은 정보통신 신호까지도 검출해 낼 수 있는 것이다. 이러한 장점 때문에 'APD'는 지금 광통신과 광센서 분야에서 없어서는 안 되는 핵심 소자로 자리매김하고 있다.

E=hf
$E=Mc^2$
F=ma

07

측정의 만능 재주꾼들

● 인류 역사상 사람들이 오류를 범했던 중대한 사건들이 있다.

지구가 우주의 중심에 있고, 태양이 지구를 중심으로 돈다는 '천동설'은 그 중의 하나이다. 그 당시까지는 누구나 의심 없이 '천동설'을 믿었다. 그러나 폴란드 천문학자 코페르니쿠스(Nicolaus Copernicus)가 등장하여 이를 부정하고 지구가 태양을 중심으로 돈다는 지동설을 주장하였다. 그 후 이탈리아 과학자인 갈릴레오(Galileo Galilei)는 1609년 그가 만든 망원경으로 직접 천체를 관측함으로써 지동설이 맞는다는 것을 입증해 보였다. 이것은 '광자'들이 망원경을 통해서 목성의 위성을 오가며, 지동설을 뒷받침해 줄 만한 증거[1]들을 가져왔기 때문에 가능한 일이었다.

'천동설'과 같이 잘못된 학설로 인해서 과학자들이 수난을 받았던 또 다른 사건이 있었다. 바로 우주 공간이 '에테르'로 채워져 있다는 설이다.

7.1 에테르는 없다

불과 백여 년 전까지만 해도 과학자들은 에테르가 우주에 가득 차 있을 것으로 믿었다. 마치 소리(음파)가 공기를 매개로 진동하면서 전달되는 것처럼, 빛(광파)도 진동하면서 멀리 전달되기 위해서는 반드시 매개물질이 있어야 하는데, 이것이 바로 에테르[2]라는 것이었다.

근대 철학의 아버지라고도 불리는 프랑스 과학자 데카르트(Descartes)는 빛이 매개물질을 타고 전달되는 일종의 압력으로 보았고, 뉴턴은 빛의 입자들이 에테르로 하여금 빛깔 고유의 진동수로 떨게 한다고 주장했다. 심지어, 빛도 전자기파임을 이론적으로 규명했던, 천재 과학자 맥스웰(James Maxwell)마저도 빛은 에테르를 통해서 전달되는 파동으로 생각했다.

그러나 1887년에 수행한 '마이켈슨과 몰리의 실험'은 에테르의 존재를 부정하게 되는 계기가 되었다. 미국 과학자인 마이켈슨(Albert Michelson)과 몰리(Edward Morley), 이 두 사람은 그 당시에 누구나 존재할 것으로 믿고 있었던 에테르의 존재를 확인하기 위해서, 오늘날 '마이켈슨 간섭계'로 알려진 광 측정 장치를 설치하고 실험을 수행했다. '마이켈슨 간섭계'는 경로가 각기 다른 두 개의 빔 또는 광파를 〈그림 7.1〉처럼 간섭시켜서 두 경로 사이의 미세한 물리량의 변화를 찾아내는 정밀도가 아주 높은 측정시스템이다.

앨버트 마이켈슨
(1852~1931)

이들의 '마이켈슨 간섭계' 실험이 갖는 의의는 무엇보다도 에테르의 존재를 부정함으로써, 아인슈타인으로 하여금 '빛은 매개 물질 없이 진공에서 언제나 일정한 속도로 움직인다'는 생각을 하게 했고, 더 나아가서 '특수상대성 이론'을 낳게 한 데 있다. '마이켈슨 간섭계'를 통해서 이루어진 인류 과학사에 남을 또 하나의 중대한 사건은 아인슈타인이 '일반상대성 이론'에서 100년 전에 예언했던 '중력파'를 직접 관측한 일이다. '중력파 실험'에 대해서는 다음 절에서 좀 더 자세히 설명하겠다. 이렇게 '마이켈슨 간섭계' 실험은 인류의 과학 발전에 크게 이바지했다.

앞에서 언급했듯이 에테르의 존재를 확인하기 위해서 마이켈슨과 몰리는 마이켈슨 간섭계 실험을 수행했다. 당시에는 빛의 속도가 매개 물질인 에테르 속에서 일정하고, 지구는 에테르 속을 광속으로 공전하므로, 빛의 속도는 지구의 운동에 영향을 받을 것으로 생각했다. 그래서 두 과학자들은 간섭 실험 장치의 두 경로 축을 여러 방향으로 회전시켜 가면서 각각 서

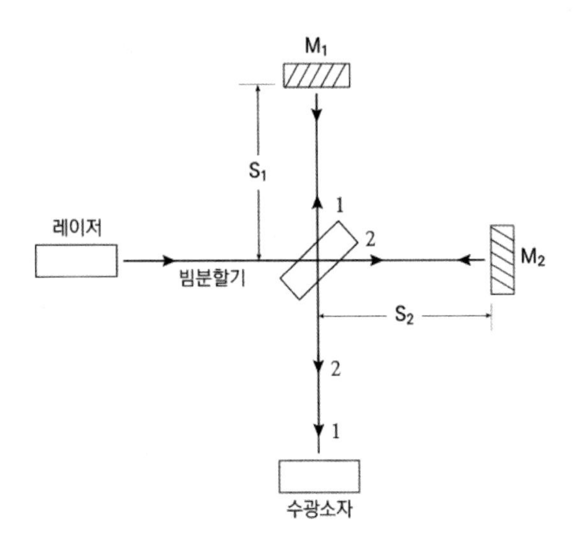

〈그림 7.1〉 마이켈슨 간섭계의 구조와 동작원리

마이켈슨 간섭계의 동작 원리를 설명하면 다음과 같다. 우선 레이저에서 나온 빔(또는 광자들)은 시스템 중앙에 있는 빔분할기(beam splitter)에서 두 개의 빔, 즉 빔1과 빔2로 나누어져서 서로 수직인 두 경로 각각 S_1과 S_2를 따라서 진행하다가, 반사경 M_1과 M_2에서 각각 반사된 후에 다시 경로 S_1과 S_2를 거쳐서 빔분할기에 도착하게 된다. 이때 빔1은 분할기를 투과하고 빔2는 분할기에서 반사하여 검출기에서 중첩되는데, 만일 두 빔들 사이의 경로 차이나 시간 차이가 일정하다면, 간섭계의 검출기에는 간섭무늬 신호가 나타나지 않지만, 경로 차이나 시간 차이에 변화가 발생하면 신호가 나타난다. 따라서 검출기에 수신되는 신호를 분석함으로써 경로 차이나 시간 차이의 변화 또는 주변의 물리량 변화를 측정할 수 있다.

로 다른 경로를 거쳐서 검출기에 도착한 두 광파 또는 광자들 사이의 시간 차이에 변화가 있는지 확인하는 실험을 반복해서 수행하였다. 그러나 여러 시간대와 계절을 달리하면서 측정이 이루어졌음에도 불구하고 아무런 신호도 검출되지 않았다. 따라서 에테르의 존재를 확인하고 그 성질을 밝히는 것이 주목적이었던 이 실험은 그런 점에서는 실패한 실험이었다.

그럼에도 불구하고 이 실험이 매우 중요한 것은 이 실험을 통해서 빛과 에테르에 관하여 새로운 사실을 알게 되었다는 것이다. 구체적으로 말해서, '광자'들은 간섭계를 쉴 새 없이 오가면서 우리에게 다음과 같이 중대한 두 가지 사실을 알려 주었다. 첫째, 에테르는 존재하지 않는다. 둘째, 그들은 달리는데 에테르와 같은 매개물질을 필요로 하지 않으며, 빛의 속도는 항상 일정하다.

이렇게 오랫동안 인류가 존재한다고 믿어 왔던 '에테르'가 존재하지 않는다는 사실을, 광자들이 직접 간섭계 속을 누비며 조사해서 우리에게 알려 주었다. 그들은 눈에 낀 백태를 제거하듯이 인류의 오래된 또 하나의 오류를 측정을 통해서 깨끗이 벗겨버렸다. 분명히 그들은 하늘이 내린 '측량자'들이며, '어린 천사'들임에 틀림없다.

누가 보냈는가, 저 측량자들을!

예전에도 있었고 지금도 있으며 앞으로도 영원히 존재할 측량자들!

앞으로 광자들이 또 어떠한 정보를 가져다주어 우리가 잘못 알고 있는 지식들을 정정해 줄 것인지, '작은 공룡'들 앞에 무한히 펼쳐져 있는 반도체 초원을 생각하면서 기대해 본다.

7.2 중력파를 측정하다

광자들은 거짓말을 하지 않는다.

그들은 몸짓을 통해서, 얼굴빛의 색깔 변화로, 때로는 호흡의 변화로 우리에게 말을 걸어온다. 그들의 소통 수단은 다양하다.

앞에서 에테르의 존재를 부정할 수 있었던, 마이켈슨 간섭계 실험에서의 간섭무늬 신호도 사실은 그들의 소통 방법 중 하나이다. 광자들이 마이켈슨 간섭계를 통해서 우리에게 중대한 사실을 알려 주었던 또 다른 역사적인 사건으로 '중력파 실험'이 있다.

빛의 속도는 항상 일정하며, 어느 물체든지 광속에 가까워지면 물체의 질량이 커져서 속도가 광속을 넘어설 수 없다. 이것은 아인슈타인이 그의 '특수상대성이론'에서 주장하는 것이다. 그러나 그것을 발표한 뒤로도 그를 끊임없이 괴롭히고 있는 것이 있었다. 그것은 바로 뉴턴의 만유인력, 즉 중력의 문제였다. 뉴턴은 아무리 멀리 떨어져 있는 두 물체라도 무한대의 속도로 순식간에 중력이 서로 작용한다고 생각했다. 이것은 '특수상대성이론'에 위배된다. 기존의 '만유인력의 법칙'에 치명적인 결함이 있다는 것을 간파했던 아인슈타인은 1915년에 중력을 특수상대성이론에 포함시켜서 상대성이론을 완성했는데 이것이 '일반상대성이론'이다.

뉴턴의 '만유인력의 법칙'으로 오랫동안 풀 수 없었던 문제들이 있었다. 그중에 '수성의 근일점 이동' 문제가 있다. 만일 뉴턴의 법칙에 전혀 오류가 없다면 태양에 대해서 수성의 공전 궤도가 항상 고정된 타원이어야 한다. 그러나 태양과 수성 사이의 거리가 가장 가까운 점, 근일점이 매 주기마다 미소하게 바뀌는 현상을 뉴턴 역학으로는 설명할 수가 없었다. 그러다가 '일반상대성 이론'이 혜성처럼 등장하여 '수성의 근일점 이동' 문제를 명쾌하게 밝혀줄 수 있었던 것이다. 그뿐만 아니라 '일반상대성이론'은 천체가 만들어내는 중력에 의해서 빛이 휘어진다는 사실도 알려주었다. 이것은 1919년 에딩턴과 그의 일행이 태양의 중력에 의해서 빛이 휘는 것을 관측함으로써 입증되었다.

그 밖에 일반상대성이론이 예측한 중요한 결과물들로는 중력적색편이[3]와 중력렌즈 효과[4] 그리고 중력파 및 블랙홀이 있다. 이들 대부분은 이미 오래전에 사실로 증명되었다. 그러나 아주 최근까지 밝혀지기를 거부한 것이 있는데, 다름 아닌 '중력파'이다.

여기서 중력파에 대해서 이야기를 하기 전에, 아인슈타인이 그의 저서 『상대성이론』에서 정립한 중력에 대한 중요한 개념[5]을 잠깐 살펴보자. 그는 『상대성이론』에서 가속도 운동과 중력 운동을 구분하지 않고 같이 취급하는 아이디어로부터 상대성이론을 확대했다. 간단히 말해서 '중력과 가속도에 의한 힘(관성력)이 같다'라는 '등가 법칙'이 '일반상대성이론'의 기초가 되었다. 그의 중력에 대한 개념은 큰 질량에 의해서 시공간이 휘고 또한 그 속에서 빛이 굽는 것을 설명할 수 있을 뿐만 아니라, 블랙홀이나 중성자별의 운동도 설명할 수 있다. 일반상대성이론에 따르면 중력은 공간을 굽게 한다. 그 정도는 질량이 클수록 비대해지기 때문에, 블랙홀처럼 질량이 큰 물체 근처에서는 공간의 휘어짐이 엄청나게 커진다. 따라서 블랙홀이 운동하게 되면 휘어진 공간이 물결처럼 주변에 광속으로 퍼져나간다. 이것이 '중력파'이다.

중력파는 앞에서도 언급했듯이 아인슈타인이 상대성이론으로 1916년에 예견했다. 그 후 중력파의 존재를 직접 증명하기까지는 무려 100년이라는 시간이 필요했다. 그동안 다양한 중력파 측정기들이 설치되었고 거대한 프로젝트들이 진행되어 왔다. 이렇게 '중력파'를 직접 검출하기가 어려웠던 이유 중 하나는 중력파의 세기가 아주 미약하기 때문이다. 미국에서 2016년 직접 관측했다고 〈피지컬리뷰 레터, 2016〉에 처음으로 발표했을 당시, 중력파의 크기는 10^{-21} 정도였다. 중력파의 세기는 어떤 물체의 길이가 중력파에 의해서 얼마나 수축 팽창되었는지, 그 변형(스트레인) 정도로 나타낸다. 이 중력파의 크기는 지구에서 태양까지의 거리 중에서 리튬 원자의 반지름 크기 정도의 변형에 해당한다.

중력파를 직접 검출하기 위한 노력은 이미 1960년대부터 시작되었다. 처음에는 비광학적인 검출기들로 시도하였으나 실패하고 광학적인 방법으로 마이켈슨 간섭계가 대안으로 떠올랐다. 그러나 기존의 단순한 마이켈슨 간섭계로는 여러 가지 잡음과 낮은 감도 때문에 성공하지 못하다가, 거대한 레이저 간섭계 프로젝트가 새롭게 계획되고 완성되면서 2016년에 비로소 열매를 맺게 된 것이다. 처음으로 중력파를 관측하는데 성공한 간섭계는 라이고[6]라는 대형 레이저 간섭계였다. 이것을 이용해서 지구로부터 13억 광년 떨어져서 서로 주위를 돌고 있던 두 개의 블랙홀이, 서서히 접근하다가 충돌하고 합쳐지는 과정에서 발생한 중력파를 직접 검출할 수 있었던 것이다.

이렇게 아인슈타인이 100년 전에 예언했던 문제들 중에서 마지막까지 미해결 문제로 남아 있던 '중력파' 문제는 2016년이 되어서야 비로소 풀렸다. 이제 거시 세계를 다루는데 있어서 '일반상대성 이론'은 더 이상 완벽할 수 없다. 그뿐만 아니라 중력파를 검출한 이 일은 '중력파 천문대' 시대의 시작을 암시하는 사건이기도 하다. 이 중력파 문제는 절대 우연히 풀린 것이 아니다. 이 문제를 풀기 위해서 그동안 수많은 과학자들과 엔지니어들의 피와 땀방울이 있었다는 것을 기억해야 한다.

그러나 누구보다도 이 문제를 푸는데 기여한 숨은 일등공신들은 광자들이라고 말해야 할 것이다. 그들이 없었다면 과연 누가 중력파로 생기는, '엄청나게 작은 떨림'을 잡아낼 수 있었겠는가? 그들은 시공간 속에서 그 흔적을 찾아내기 위해서 레이저 간섭계 속을 광속으로 달리고 달렸을 것이다. 직접 레이저 튜브 속을 달리면서 아인슈타인이 남겨놓은 마지막 문제를 생각했을 것이다. 반사경이나 튜브 벽에 부딪치면서 많은 동료들이 산란으로 희생되어도 굴하지 않고, 그들은 달리고 또 달렸을 것이다. 포기를 생각하지 않고 묵묵히 일했을 것이다. 두 그룹의 광자들이 측량자를 들고 달리다가 혹시 중력파로 인해서 생기는 미동이 있으면 측정하기 위해서 수시로 만나 간섭계의 계기판을 들여다보았을 것이다.

레이저 간섭계는 광자들의 일터이다. 앞 절에서 마이켈슨 간섭계가 '광자들이 에테르의 존재를 규명하는 작업장'이었다면, 여기에서 '라이고'는 '광자들이 중력파를 측정하는 실험실'이었다. 아주 작은 중력파의 떨림을 잡아내기 위해서 설치한 '라이고'는 한쪽 경로의 길이를 4킬로미터로 길게 해 주었는데, 이것은 간섭계의 경로를 길게 해 주면 그들을 측정할 수 있는 공간이 늘어나서 측정 감도가 높아지기 때문이다. 또한 '라이고'에서는 레이저 빔의 세기를 100kW 정도로 높게 해 주었다. 그 이유는 그만큼 많은 광자들을 작업에 참여시킬 수 있어서 긴 경로를 따라서 작업하는 동안 중간에 희생되는 광자들이 많이 있다고 하더라도 충분히 보충해 줌으로써 정확도를 유지할 수 있기 때문이다.

몸을 사리지 않고 묵묵히 일하는 '어린 천사', 광자들!

그들의 희생 없이 어찌 아인슈타인의 마지막 숙제가 풀렸겠는가?

아래는 '중력파'를 소재로 노래한 시의 일부분이다. 여기서 머리를 잠깐 식히고 다음으로 이동하자.

누가 나타났는가?

지면의 글자들을 뭇시선까지도
오클라호마에 출몰하는 토네이도처럼
닥치는 대로 삼키더니 태양만큼 비대해졌다

갈증은 갈수록 깊이 우물을 팠고
허기는 그 속에서 이리를 닮아갔다
배설물 외에는 주위에 인기척이 없을 때
그를 꼭 빼닮은 다른 수놈이 나타나
주변을 어슬렁거리더니
죽은 사슴을 놓고 달려드는 회색곰처럼
입을 쩌억 벌리고 젊은 수놈에게 덤벼들었다
검은 피바다 속에서 두 마리가 엉겨 붙었다
소용돌이 속에서 둘이 하나가 되었을 때
일시에 분출하는 핏덩이의 呱呱之聲
꽁꽁 언 바다를 가르고
우주 끝까지 우웅 우웅 퍼져나간다

인터넷 공간이 휘어지면서 출렁거린다
핵가방이 북경으로 워싱턴으로 외유할 때마다
지구 곳곳에서 꿈틀대는 ㅂㅅㄱㄹ 이야기
휴화산 속의 불씨들
무지갯빛 꿈들이 오락가락한다

-「중력파 증후군」 전문, 『아담의 시간여행』

7.3 별의 성분을 분석하다

모든 물질은 원자와 분자로 이루어져 있다. 원자는 물질을 이루는 최소 단위이며, 이 원자들이 모여서 분자를 구성한다. 물 분자 H_2O는 수소 원자 2개와 산소 원자 하나로 이루어진 분자이다. 지금까지 알려진 원자의 종류는 가장 가벼운 수소에서부터 2002년에 발견된 가장 무거운 우눈옥튬(*Uuo*)까지 118가지 원소가 있다. 바로 이들 원소들이 지구를 포함하여 우주의 무수히 많은 별들의 물질들을 구성하고 있는 것이다.

원자는 가운데 핵(+)이 있고 그 주위로 전자(-)가 돌고 있다. 이 전자들의 위치는 양자화 되어 있어서 핵과 일정한 거리만큼 떨어져 있는 에너지 준위(energy level)에 분포되어 있다. 에너지 준위가 양자화 되어 있다는 얘기는 전자가 있을 수 있는 위치가 연속적이지 않고 띄엄띄엄 있다는 뜻이다. 원소들마다 양성자 수가 다르기 때문에, 가장 낮은 에너지 준위에서부터 아주 높은 에너지 준위들까지 전자들이 갈 수 있는 위치들이 서로 다르다.

앞에서 전자가 빛에너지를 받으면 낮은 에너지 준위에서 높은 에너지 준위로 올라가고, 반대로 전자가 높은 에너지 준위에서 안정한 상태인 기저상태[7]로 도로 떨어지면 빛을 방출한다고 했다. 전자가 낮은 에너지 준위(E_1)에서 높은 에너지 준위(E_2)로, 또는 높은 에너지 준위에서 낮은 에너지 준위로 전이(transition)할 때마다 에너지 차이($E_2 - E_1$)에 해당하는 파장의 빛(광자)

을 흡수 또는 방출한다. 따라서 미지의 물질로부터 얻어지는 흡수 또는 방출 스펙트럼을 분석하면, 지문을 통해서 범죄자의 신원을 알 수 있는 것처럼, 그 물질이 어떠한 원소로 이루어져 있는지를 알 수 있다.

분자의 경우는 2개 이상의 원자들이 결합하여 형성되기 때문에 스펙트럼 특성이 단일 원자의 경우 보다 훨씬 더 복잡하다. 분자 전체의 회전 운동이나 원자들 사이의 진동이 분자의 스펙트럼 상태에 크게 영향을 미친다. 이 때문에 분자들로 구성된 기체나 화학물질에 빛을 조사했을 때 적외선이나 테라헤르츠 파장 근처에서 다양한 스펙트럼 반응이 일어난다. 고체의 경우는 어떠할까? 보통 $1cm^3$ 안에 10^{23}개 정도의 원자들이 밀집해서 고체를 이룬다. 따라서 이런 경우에는 수많은 원자들끼리 서로 영향을 미쳐서 하나의 스펙트럼선(분광선)이 천문학적인 숫자로 분기되어 연속적인 띠 혹은 대역(energy band)를 이룬다. 이렇게 물질의 조성에 따라서, 그리고 그 물질이 기체인지 또는 액체나 고체인지에 따라서 흡수 스펙트럼의 모습이 달라진다.

실제로 공항 검색대에서 옷이나 짐 속에 액체 폭발물을 감추고 있는지 조사할 때 이러한 원리를 이용해서 폭발물을 찾기도 한다. 이때 검색대에서 나온 테라헤르츠파 광자들은 여행객의 소지품 속으로 들어가 액체가 있는지, 그리고 그 액체가 폭발물과 관련이 있는지를 조사한다. 만일 잘 알려진 폭발성이 있는 화학물질과 유사한 스펙트럼의 특성을 보이면 경고등이 켜지고 테러에 대비하게 된다. 공항 터미널에서뿐만 아니라 지하철 안에서도 지나가는 승객들을 원격으로 검색할 수 있다.

여기서도 테라헤르츠 광자들이 탐지견처럼 승객들을 샅샅이 훑어서 폭발물을 탐지한다.

광자들이 탐지견이라니 깜짝 놀랄 일이다.

우주에는 대략 10^{23}개의 별들이 있다고 한다. 이들 별들은 질량도 다르고 나이도 다르다. 특히 별들을 구성하고 있는 성분들도 제각각이다. 이들 별들의 구성 성분을 알 수 있는 방법은 없을까? 일찍이 천문학자들은 원소마다 빛이 흡수하는 스펙트럼의 위치가 다르다는 것을 알았다. 그리고 그들은 별들의 구성 성분을 알아내기 위해서 별에서 쏟아져 나오는 빛들의 스펙트럼을 조사했다. 그 이유는 관측하는 별에서 날아오는 광자들 중에서 특정한 파장의 광자가 그들이 측정한 스펙트럼 사진에서 빠져있다면 그것은 어떤 특정한 원소가 그 별의 대기에서 그 광자들을 흡수했다는 것을 의미하기 때문이다.

우리는 이렇게 스펙트럼을 분석함으로써 그 별의 구성 원소를 알 수 있는 것이다. 거의 모든 별들의 주요 구성 성분이 수소와 헬륨이고, 그 외의 성분으로 산소, 나트륨, 철 등이 더러 있다는 것이 밝혀진 것도 과학자들이 측정한 스펙트럼 사진 덕분이다. 이처럼 어떤 특정한 파장이나 색깔의 광자들이 있는지 또는 없는지를 관측함으로써 행성의 대기가 어떠한 물질로 이루어져 있는지, 그리고 우주의 성단이 어떠한 물질로 채워져 있는지를 알 수 있다.

광자들은 LED나 LD와 같은 반도체에서도 방출되지만, 태양과 같은 별이나 심지어 (2.3절에서 언급한 것처럼) 거의 모든 물체에서 방출되어 나온다고 말할 수 있다. 광자들이 거의 모든 물체에서 방출되어 나온다니 좀 의아하게 생각할지 모른다. 그러나 물체에서 나오는 광자들은 대부분 넓은 스펙트럼 분포를 하고 있으며 그 분포를 보면 그 물체의 온도를 알 수 있다. 이것이 그 유명한 '흑체복사' 원리다. '흑체 복사'에 대해서는 8.1절에서 다시 자세히 다룰 것이다.

광자들은 별의 성분을 우리에게 알려주는 것뿐만 아니라 우주에 대해서도 무엇인가를 알려주기 위해서 끊임없이 속삭이고 있다. 다음 절에서 그들의 속삭임 속에 무엇이 담겨져 있는지 한번 살펴보기로 하자.

7.4 우주는 팽창한다

지금 우주가 팽창하고 있다는 사실을 알고 있는가?

우주가 '빅뱅' 이후로 계속해서 팽창하고 있다는 것이 현대 물리학계의 정설이다. 아마도 현대에 살고 있는 지식인이라면 누구나 그렇게 알고 있을 것이다. 그렇다면 우주가 팽창하고 있다는 사실을 처음에 어떻게 알아냈을까?

오스트리아 과학자 도플러(J. Doppler)는 1842년 파원(wave source)과 관찰자 사이의 상대적인 운동에 따라서 파장이 달라지는 현상을 발표했다. 이것이 '도플러 효과'이다. 파원으로부터 일정한 파장(파의 마루와 마루 사이의 간격)을 갖는 파(wave)가 방출되어 나온다

도플러
(1803~1853)

허블
(1889~1953)

고 하자. 이 파를 관측한다고 할 때, 파원이 관측자에게 가까워지고 있으면 파장은 짧아지게 되고, 반대로 관측자로부터 멀어지게 되면 파장은 길어지게 된다. 이러한 현상은 파원이 정지해 있고 대신 관측자가 파원으로부터 멀어지거나 가까이 움직일 때도 똑같이 일어난다. 이러한 '도플러 효과'를 우리는 주변에서 자주 경험한다. '삐우삐우' 경고음 소리를 내면서, 범인을 추적하는 경찰차 소리가 가까이에서는 급해지다가 멀어지면 느슨해진다. 이것은 음원이 가까워지면 음파의 파장이 짧아지고 멀어지면 길어지며, 반대로 가까워지면 주파수가 높아지고 멀어지면 감소하는 도플러효과 때문이다. '왱'하고 지나가는 비행기가 가까이 오면 고음으로 들리고 멀어지면 저음으로 들리는 이유[8]도 마찬가지다.

'도플러 효과'는 음파뿐만 아니라 마이크로웨이브파, 광파(optical wave) 등 모든 파에서 똑같이 일어난다. 이 원리를 이용하면 물체의 이동 속도를 측정할 수 있다. '도플러 효과'를 기반으로 해서 만든 측정기에는 자동차의 속도를 측정하는 스피드건이 있다. 그러나 무엇보다도 '도플러 효과'를 이용해서 밝혀낸 위대한 업적은 '우주가 팽창하고 있다'는 사실일 것이다.

아주 빠르게 이동하는 은하에서 방출하는 빛을 계속해서 관측한다고 하자. 이때 빛의 파장이 길어져서 색깔이 적색 쪽으로 이동하게 된다면, 도플러 효과에 의해서 은하가 우리에게서 멀어진다고 볼 수 있다. 실제로 은하에서 방출하는 스펙트럼을 오랫동안 관찰한 사람들이 있었다. 바로 미국 윌슨 천문대에서 일했던 허블(Edwin Hubble)과 휴메이슨(Milton Humason)이다. 그들은 은하를 관측한 결과, 은하에서 오는 흡수 스펙트럼이 모두 적색 쪽으로 이동하는 적색 이동(red shift) 현상을 보이는 것을 알았다. 더군다나 지구로부터 더 멀리 떨어진 은하일수록 적색 이동이 더 크다는 관측 결과도 얻었다. 이것은 우주가 팽창하고 있다는 것을 증거하고 있는 것으로, 1929년에 허블은 우주가 팽창하고 있다고 발표했다.

'빛알갱이'인 광자들이 없었다면 어떻게 이러한 엄청난 발견이 가능했을까?

태초부터 우주가 팽창한다고 광자들이 끊임없이 메시지를 보냈을 것이다. 그러나 아무도 알아채지 못하다가, 어느 날 참새같이 부지런하고 광자들의 속삭임에 늘 귀 기울이던 두 천문학자가 우연히 그 메시지를 받아서 읽었을 것이다.

도플러 효과에 의해서, 가까워지면 빛의 색깔이 청색 쪽으로 바뀌고, 멀어지면 적색 쪽으로 변하기 때문에, 광자들은 몸의 색깔로 파원이 가까워지는지 아니면 멀어지는지를 알려준다. 그렇기 때문에 먼 은하에서 날아오는 '광자'들의 얼굴빛이 점점 붉은색 쪽으로 이동하고 있다면, 그것은 은하가 지구로부터 멀어지고 있다는 것을 말해 주는 것이다. 아래 구절은 시 「아담의 시간여행 M4220」에서 아담이 이브와 시간여행을 하면서 '도플러 효과'를 노래한 시이다.

가까이 가면 왜 내 가슴이
점점 더 떨리는지 처음에는 알 수 없었지요
그대가 이제껏 보여준 것은
내가 태어나기 훨씬 이전의 아이 적 모습들
금빛 머리 너울거리는
너에게 입맞춤을 하려고 하면
왜 자꾸만 달아나면서 얼굴이 붉어져야 했는지
이제는 알 것 같아요

-「아담의 시간여행 M4220」 부분, 『아담의 시간여행』

OPTICAL
AMPLIFICATION
LASER
$\Delta x \Delta p \geq \frac{\hbar}{2}$

08

광자의 이상한 부활

● 빛을 나르는 빛알갱이, 광자들의 수명은 얼마나 될까?

광자들은 광속으로 날아다닌다. 어느 것도 이보다 빠를 수는 없다. 그 속도는 1초에 지구를 일곱 바퀴 반이나 도는 엄청난 속도이다. 따라서 아주 짧은 시간 동안에도 광자는 주변에 있는 물체와 무수히 많이 만나게 된다. 이때 광자에게 일어나는 움직임은 3가지가 있다. 물체에서 반사되든지, 물체를 통과하여 지나가든지 아니면 물체에 흡수되든지 한다. 일반적으로 어느 물체든지 광자가 전부 반사되거나 전부 투과하거나 또는 전부 흡수되는 물질은 없다. 예를 들어 특정한 파장 영역의 광자들은 거울에서 거의 대부분 반사되지만 일부는 흡수된다. 유리창에서는 대부분의 가시광선 광자들이 투과하지만 일부는 반사되고 극히 일부는 흡수된다.

아무리 잘 만들어진 거울이라고 해도 두 개의 평행한 거울 안에 광자를 1초 동안도 가두어 둘 수 없다. 서로 1미터 떨어져 있는 거울 사이를 왕복하면서 광자들은 1초에 3억 번 정도 거울에서 반사를 거듭하면서 흡수 또는 산란되어 모두 사라져버린다.

광자들이 우리 주변에 있는 동안에만 우리는 사물을 볼 수 있다. 그 이유는 그들이 사물에 대한 영상 정보를 우리에게 날라다 주기 때문이다. 광자가 사라져버린다면 아무것도 볼 수 없다. 그렇다면 어떻게 광자들을 우리 주변에 오랫동안 머물러 있게 할 수 있을까? 조명등을 장시간 켜두면 그 문제는 해결된다. 방금 전에 방출되어 나온 광자들이 순식간에 다 사라져버려도 조명등이 켜져 있는 동안은, 끊임없이 쏟아져 나오는 광자들을 통해서 우리 주변에 있는 물건들을 인식할 수 있을 것이다.

광자들의 수명이 짧다고 해서 지구상에서 그 수가 점점 줄어들까? 그렇지는 않다. 그 이유는 그들이 끊임없이 다시 부활하기 때문이다. 부활을 한다니 무슨 소리인가 하겠지만, 광자들은 일회 소모성으로 절대로 끝나지 않는다. 예를 들어서 외부에서 광자가 입사하여 어떤 물질에 흡수된다고 하자. 이때 광자가 영원히 소멸되는 것 같지만 그런 것은 아니다. 그 이유는 그 광자의 에너지를 받아서 물질에 있는 전자가 높은 에너지 준위 상태로 잠시 올라가 있다가 원래의 낮은 에너지 준위 상태로 떨어지면서 '광자'를 다시 방출하기 때문이다. 이렇게 광자는 물질에 흡수되어 소멸되지만 다시 '부활'한다.

이와 같이 어떤 '광자'들은 소멸되었다가 '들뜬 전자'[1]들에 의해서 반도체에서 다시 부활하기도 하고, 더러는 어떤 물질에 단파장 광자들이 입사하여 장파장 광자로 다시 부활하기도 한다. 앞의 경우는 광자들이 반도체에서 흡수되었다가 다시 자발 방출되는 경우에 해당된다. 그리고 후자와 같은 현상은 5.3절에서 이미 소개했던 인광 물질 혹은 형광 물질 안에서 주로 발생한다.

위의 경우 외에도 광자의 부활과 관련해서 빼놓을 수 없는 현상이 또 있다. 어떤 물체든지 광자들이 그 물체에 흡수되어 소멸되면 다시 다양한 색깔의 광자로 부활하는데 '흑체복사' 현상이 바로 그것이다.

이 얼마나 아름다운 부활인가!

우선 '흑체복사'에 대해서 좀 더 자세히 이야기를 나눠보자.

8.1 흑체복사를 통해서 부활하다

뜨거워질수록 차가운 빛으로 부활한다

어떠한 물체든지 일단 빛이 흡수되어 열로 변하면 물체의 온도가 상승한다. 그 결과 물체를 구성하는 원자나 분자들이 무작위로 진동자와 같이 운동을 하면서 전자기파 에너지를 방출한다. 독일의 물리학자인 키르히호프(Gustav Kirchhoff)는 일찍이 모든 물체들이 열복사 에너지를 방출하는데 물체마다 방출도(emissivity)가 다르다는 사실을 알고 있었다. 흑체는 방출도가 최댓값 1이며 모든 빛을 다 흡수하기 때문에 검게 보인다. 그러나 그밖에 다른 모든 물체의 방출도는 0보다는 크고 1보다는 작다.

완전한 흑체란 열평형 상태[2]에서 모든 파장의 복사에너지를 다 흡수하고 동시에 모든 복사에너지를 다 방출하는 물체를 말한다. 키르히호프는 열평형 상태에 있을 때 어떤 물체에서 방출되는 복사에너지는, 복사 파장마다 그 크기가 다른 특정한 분포를 하고 있다고 생각했다. 그가 찾으려고 했던 복사에너지에 대한 독특한 스펙트럼 분포함수는 2.3절에서 이미 언급했듯이 독일 물리학자 플랑크에 의해서 밝혀졌다. 이 함수가 그 유명한 '플랑크의 흑체복사 분포함수'이다.

우리 주변에 있는 물체들은 모두 이상적인 흑체는 아니다. 그러나 거의 모든 물체에서 방출되어 나오는 복사에너지는 대략적으로 '플랑크의 복사 분포함수'를 따른다. 물론 이것은 물체가 이상적인 흑체처럼 모든 파장 영역의 빛을 전부 흡수한다는 얘기는 아니다. 새까맣게 보이는 그을음의 경우, 가시광선 영역에서는 흡수율이 거의 1이다. 우리 몸도 적외선 영역에서는 흑체와 거의 같다. 그 밖의 다른 물체들도 어떤 영역에서는 흑체와 비슷하다. 그런 점에서 어떤 물체든지 복사에너지의 분포가 '흑체복사 분포함수'와 비슷하다고 생각하는 것이 아주 틀린 것은 아니다.

절대 온도가 0도가 아닌 모든 물체는 복사에너지를 방출한다. 그리고 방출하는 복사에너지는 절대 온도의 네제곱에 비례해서[3] 크게 증가한다. 그러므로 온도가 상승함에 따라서 방출하는 광자의 수도 폭발적으로 늘어난다. 그뿐만 아니라 온도가 올라갈수록 방출하는 빛의 피크 파장(λ_m)은 짧은 파장 쪽으로 이동한다[4]. 여기서 피크 파장이란 복사의 세기가 가장 강한 파장, 즉 광자들이 가장 많이 방출되는 파장을 의미한다. 따라서 뜨거운 별일수록 적외선과 붉은색을 거쳐서 푸른색으로 빛나는 것은 바로 이러한 이유 때문이다.

만일 물체의 온도가 3000도가 되면 어떻게 될까? 앞에서 설명한 흑체복사 법칙에 따라서 적외선 광자(λ_m=966 μm)를 가장 많이 방출할 것이다. 그러다가 점점 더 차가워져서 절대 온도 2.7도에 이르면 피크 파장이 ~1mm 정도 되는 마이크로웨이브 파를 주로 내보낼 것이다. 흑체복사 법칙이 중요한 이유는, 이와 같이 물체의 온도를 알면 물체에서 방출되는 복사광의 피크 파장과 스펙트럼 분포를 예상할 수 있고, 반대로 물체에서 나오는 빛의 피크 파장이나 스펙트럼 분포를 알면 물체의 온도를 예상할 수 있기 때문이다.

지금까지 흑체복사에 대해서 살펴보았는데 대략적으로 이렇게 요약할 수 있다.

첫째, 대부분의 물체는 흑체와 유사하다.

둘째, 물체는 다양한 광자들을 흡수하고 여러 가지 색깔의 광자들을 다시 방출한다. 이렇게 '부활'하여 나오는 방출 광자들의 스펙트럼 분포는 '흑체복사 분포함수'를 따른다.

셋째, 물체의 온도가 올라가면 방출 광자들의 피크 파장은 짧아지고 반대로 온도가 내려가면 광자들의 피크 파장은 장파장 쪽으로 이동한다.

넷째, 온도가 상승하면 방출 광자들의 수가 폭발적으로 크게 증가한다.

뜨거워질수록 물체들은 '차가운 광자'들을 더 많이 토해내고 차가워질수록 물체들은 '뜨거운 광자'들을 더 잘 토해낸다. 여기서 '차가운 광자'라는 말의 의미는 광자의 에너지가 낮다는 뜻이 아니고 단파장 쪽의 차갑게 느껴지는 색, 즉 청색 계열의 광자를 의미한다. 마찬가지로 '뜨거운 광자'도 뜨겁게 느껴지는 색, 다시 말해서 적색 계열의 광자를 의미한다.

우리에게 에너지와 조명을 가져다주는 태양은 흑체일까?

과학자들은 이미 오래전부터 태양광의 스펙트럼 분포가 절대 온도 6000도의 흑체 스펙트럼 분포와 비슷하다는 것을 알고 있었다. 이것은 태양이 거대한 흑체에 가깝다는 것을 말한다. 다시 말해서 핵융합을 통해서 에너지를 공급하는 태양도, 입사하는 광자들을 모두 흡수하고 또 그만큼을 다시 방출하는 흑체와 비슷하다. 따라서 태양의 여러 표면에서 날아오는 광자들의 색깔을 조사하면 태양 표면의 온도 분포도 가늠해 볼 수도 있을 것이다.

우리를 위해서 끊임없이 날아오는 광자들, 우리에게 얼마나 고마운 존재들인가. 1억 5천만 킬로미터의 거리에서 시작하는 험난한 여정 속에서 대부분의 광자들은 소멸되어 버린다. 하지만 극히 일부만이 살아남아 지구에 도착하여 그곳에서 그들은 주어진 소임을 다한다. 다음은 시 「불새-흑체복사」의 전문이다.

거대한 어미 새가 태양 속에서 산다
그가 홰를 칠라치면
머얼리 새끼들까지 덩달아 날갯짓하느라
사방이 온통 불바다

오래전부터 새끼들이 날아들었다
지구는 그들이 찾던 둥지, 떼로 몰려들어 집 짓고 살고 있다. 숲속 바위나 나뭇등걸에도 날아다니는 곤충의 날개나 들짐승의 털 밑에도 공간이 있는 곳은 어김없이 곰실곰실 꽉 들어차 있다

불새마다 부리에 빛깔을 띠고서 지수함수를 물고 있다
저 불씨가 모이면 큰 불이 된다는데

꼬리에 꼬리를 물고 굴속을 드나드는 녀석들
구멍마다 불씨들이 모여 짹짹거리며 벽을 쪼아댄다
그들은 불을 먹고 온몸으로 불을 뿜는다
자궁은 모든 빛깔을 머금고

구우불구우불 깃털에서 불벌레를 뽑기 위해 파다닥거린다
어디를 둘러봐도 갑도 을도 없다. 새도 박쥐도 포유류도
기울지 않게 먹여 키웠다. 그들은 영원한 불새, 언젠가
마이크로웨이브 앓이를 하며 암흑 속에서 스러져 가겠지만

우리 몸 구석구석에서 그들 소리가 나는데
암이 생겼다는 것은 그곳 불새들이 미쳐간다는 뜻이다

-「불새-흑체복사」 부분, 『아담의 시간여행』

암흑 속에서 우는 아이들-우주 배경복사

우주가 어떻게 생겨났을까?

신이 아니고서야 우주가 어떻게 탄생했는지 누가 확신할 수 있겠는가?

우주 탄생에 대한 이론들 중에서 빅뱅론은 여러 가지 뒷받침할 만한 증거들이 발견됨으로 인해서 오늘날 거의 정설이 되었다. 이 이론은 처음에 벨기에 과학자 르메르트와 미국 물리학자 가모프(George Gamow)[5]가 우주는 대폭발(빅뱅)로부터 시작되었다고 주장하면서 탄생했다. 그 당시 처음 빅뱅론을 접한 많은 과학자들은 회의적이었다. 그러나 1964년 '빅뱅의 잔해'들이 발견되면서 빅뱅론은 우주 탄생의 대표적 이론으로 자리를 잡았다.

그들이 주장하는 빅뱅론은 다음과 같다. 지금으로부터 약 138억 년 전 아주 작은 공간에 엄청난 에너지가 응축되어 있다가 대폭발(빅뱅)이 일어났으며, 그때부터 한 점의 우주가 팽창하여 지금에 이르렀다. 우주가 초기에는 초고온 초고압 상태였으나 점점 더 팽창하는 동안 냉각되면서 소립자와 원자, 그리고 별과 은하들이 만들어졌다는 것이다. 만일 이것이 사실이라면 플랑크의 흑체복사 법칙에 따라서, 빅뱅 초기에는 엄청난 온도로 감마 광선이나 엑스레이 광선들로 우주를 채우고 있다가 식어가면서, 복사광의 파장이 점점 더 장파장 쪽으로 이동하여, 우주 공간에 자외선, 가시광선, 적외선을 거쳐서 지금은 마이크로파가 자리를 잡고 있어야 한다. 그러므로 빅뱅론에서 '우주 배경 복사(cosmic background radiation)'의 주인공들이 누구인지를 밝히는 것은 매우 중요한 일이었다.

그런데 이것을 발견한 과학자들이 있었다. 그전부터 우주 공간에 일정한 크기로 고르게 남아있는 주인공들이 마이크로파일 것이라는 추측들이 있었으나, 그것을 직접 확인한 과학자들은 1964년 미국 벨연구소에서 일하던 펜지어스(Penzias)와 윌슨(Wilson)이었다. 그들은 아무리 제거하려고 노력을 해도 밤낮으로 안테나에 '잡음'이 사라지지 않고 어느 정도는 항상 수신되는 것을 발견했는데, 이 잡음의 원인은 바로 '빅뱅의 잔해'로서 우주 배경으로 남아있는 '마이크로파'였다. 이것이 바로 '우주 마이크로파 배경 복사'이다. 그 뒤로 미국에서 COBE 위성을 대기권 밖으로 보내 '우주 배경 복사'를 더 정밀하게 관측했다. 그 결과 마이크로파 배경의 스펙트럼 분포가 흑체복사의 분포와 동일하였고, 우주 배경의 온도는 절대온도 2.7도(-270.3°C)라는 것이 밝혀졌다. 이 값은 빅뱅론을 통해서 가모프가 계산한 값과 정확하게 일치하였다. 이후로 우주 빅뱅론은 우주론의 정설로 확고히 자리 잡게 되었다.

우주 공간이 마이크로웨이브로 채워져 있다니!

우주 공간의 온도가 섭씨 -270.3도라니!

허공 속에서 마이너스 270.3도로 떨고 있는 아이들이 바로 '마이크로파 광자'들이고, 그들의 흔적에 우주 탄생의 비밀이 있다니, 놀라운 일이다.

8.2 인광과 형광 - 생물학적 형광

이것은 동화 속 이야기가 아니다.

스스로 빛을 내뿜는 나무를 가로수로 심으면 어떨까?

자발적으로 발광하는 나무를 가로수로 심는다면 가로등을 대체할 수 있기 때문에 환경적으로 유익할 뿐만 아니라 미관상으로도 아름다울 것이다. 더 나아가서 발광식물들을 화분에 담아서 벽에 걸거나 책상 위에 놓아두면 어떨까? 잘 꾸미면 침실이나 거실을 장식용 조명기구나 조명등으로 분위기를 살려서 실내를 밝힐 수 있을 것이다. 최근 들어서 발광식물에 대한 연구 결과들이 하나둘 상품화되어 나오고 있다. 미국의 회사 바이오글로우는 이미 2013년에 수명을 다할 때까지 빛을 발하는 식물을 장식용 상품으로 내놓은 바 있다. 물론 이 식물에서 나왔던 빛은 별빛 정도로 미약했다. 그러나 앞으로 혁신적인 연구 결과들에 힘입어 '식물 조명등'의 성능이 향상되고 머지않아 상용화되리라는 것을 어느 누가 부정할 수 있겠는가?

이것을 방증하기라도 하듯이 2017에는 『나노 레터』 11월호에 「나노바이오 발광식물(A Nanobionic Light-Emitting Plant)」이라는 논문이 발표된 바 있다. 이 논문의 저자들은 살아있는 물냉이(watercress)에 루시페린과 루시페라제를 포함하는 4가지의 나노 입자들을 주입하는 실험을 했다. 그 결과 시중에 나오는 발광다이오드의 광출력 정도까지 발광 식물에서 빛이 나왔다고 한다. 더구나 특정 화학물질을 추가함으로써 발광 상태를 켜고 끄고('on'과 'off' 상태로) 변조할 수 있다고 하니 통신용 광원으로 사용될 가능성도 있는 것이다. 이렇게 발광 식물을 통해서 조명등을 구현할 수 있을 뿐만 아니라 앞으로 통신도 할 수 있다니 매우 흥미로운 일이 아닐 수 없다.

빛을 발하는 식물처럼 지구상에는 발광하는 동물들이 있다. 그들도 생체 내에서 루시페린이라는 발광 화합물이 루시페라제라는 효소와 작용하여 빛을 방출한다. 그들 중에 숲이나 바다와 같은 자연 속에 살고 있는 발광 동물이 있는데 반딧불이, 해파리(Aequorea victoria), 녹색 형광 청개구리(Hypsiboas punctatus) 등이 대표적인 예가 된다.

특히 해파리는 1962년 해양생물학자 시모무라(Shimomura)가

해파리로부터, 자외선을 비추면 녹색빛을 방출하는 녹색 형광 단백질(GFP)을 최초로 발견한 것으로 유명하다. 그 후 GFP의 유전자 염기서열이 규명되고, 다른 단백질과 합성되기 시작하면서부터 GFP는 거의 모든 생물학 분야에서 뜨거운 감자가 되었다. 1994년에는 미국 컬럼비아 대학교의 마틴 챌피(Martin Chalfie) 교수팀은 대장균과 선충에 이 물질을 발현시켰고, 그 결과를 『사이언스』에 발표하였다. 이 실험 이후에 GFP 형광 물질은 살아있는 생체의 유전자 발현을 모니터링할 수 있는 대표적인 표지 단백질 물질로 자리매김하게 되었다[6].

지금까지 알려진 형광 단백질에는 녹색 형광 단백질(GFP)만 있는 것이 아니다. 과학자들은 GFP가 복제된 이후에도 다양한 실험을 통해서 변종들을 만들어 냈다. 그중에는 청색 형광 단백질(BFP), 청록색 형광 단백질(CFP), 노랑 형광 단백질(YFP) 등이 있으며, 이들 형광 단백질들은 GFP와 함께 세포 내 특정 단백질을 추적하는 다양한 표지자(marker)로 쓰인다. 특히 GFP는 독성이 없고 살아있는 세포의 모습을 쉽게 관찰할 수 있다는 장점을 갖고 있기 때문에, 세포에 대한 '형광 영상'을 통해서 다양한 질병이나 종양을 조기에 검출하고자 하는 GFP에 대한 연구들이 많이 보고되고 있다. 그뿐만 아니라 단백질 유전자를 형광 단백질의 유전자와 융합시켜서, 특정 생체 조직에 여러 가지 색깔의 빛을 형광이나 발광 현상을 통해서 발현시킬 수도 있다. 이렇게 형광 단백질 기술을 통해서 만들어진 형광성 동물의 예는 앞에서 언급한 선충을 비롯해서, 쥐, 닭, 돼지, 소 등에서 보고되었으며, 윤리적인 문제가 걸림돌로 남아 있으나 앞으로 다른 동물들로 확대될 전망이다.

지폐에 형광물질을 숨겨서 위조지폐를 방지한다는 것은 이미 우리가 잘 알고 있다. 진짜 지폐에는 형광물질이 칠해져 있기 때문에 자외선 광자를 입사시키면 그보다 작은 에너지를 갖는 청색 광자들이 튀어나온다. 따라서 지폐에 자외선 빛을 쪼인 후에 지폐로부터 청색 광자들이 방출되는지를 확인해 보면 지폐의 진위 여부를 가려낼 수 있다.

여기서 잠깐 살펴본 것처럼 광자들의 생체 내외에서의 활약은 어마어마하다. 특히, 그들은 다양한 형광 단백질을 매개로 우리에게 세포 안에서 어떠한 일들이 일어나는지를 '형광 영상'을 통해서 실시간으로 알려준다. 인체의 어느 부위에 암세포가 얼마나 자라고 있고, 어떻게 전이되어가고 있는지 우리에게 소상히 알려준다. 광자들이 형광이나 발광을 통해서 끊임없이 부활되지 않는다면 이것은 불가능한 일이다.

광자들, 그들은 우리의 진정한 친구들이다.

그들은 몸 구석구석을 다니다가 암의 징후가 보이면 형광의 옷을 입고 부활하여 우리에게 미리 위험을 알려준다. 다가올 죽음의 그림자들을 영상을 통해서 보여줌으로써 우리들이 미리 대비할 수 있도록 해준다. 어디 그뿐인가. 그들은 우리에게 항상 뭔가 포근함과 유익함을 주려고 애쓰고 있다. 그중 하나가 여기서 잠깐 언급한 자연친화적인 '식물 조명등'이다.

광자를 '어린 천사'라고 부르는 이유가 또 여기에 있는 것이다.

8.3 광자들을 복제하는 공장

어느 순간까지 잠잠히 있다가 그 문턱을 넘어서면 눈사태처럼 전자들이 한꺼번에 와르르 쏟아져 나오는데 이것을 6.2절에서 '전자사태'라고 하였다. 이와 비슷하게 우리 주변에서도 '광자사태'가 많이 일어난다. 어느 조건이 되면 광자들이 공장에서 폭발적으로 복제되어 왕창 쏟아져 나온다. 이렇게 '광자사태'를 통해서 광자들이 엄청나게 방출되도록 만든 공장을 '레이저'라고 한다. '레이저'라는 공장은 고체, 액체 또는 기체와 같은 매질로 되어 있다. 특별히 공장이 고체인 반도체일 경우 공장의 크기가 매우 작지만 매우 효율적인데 이러한 공장을 반도체 레이저라고 한다. 만일 레이저 공장이 가스인 헬륨과 네온으로 채워져 있을 경우 헬륨-네온 레이저라고 한다.

광자사태란 무엇인가?

여기서는 반도체 레이저에서 '빛의 증폭'을 수반하는 '광자사태'가 어떻게 일어나는지 우선 간단히 살펴보겠다. 반도체 레이저의 매질은 원자가 주기적으로 배열된 반도체 결정으로 이루어져 있다. 그런데 이 반도체에는 전자들이 때로 거주할 수 있는 에너지대역들이 존재한다. 그 중에서 전자들이 활발히 오르락내리락하며 활동하는 두 개의 영역을 1.1절에서 '가전자대역'과 '전도대역'이라고 불렀는데, 이 두 영역이 반도체 레이저의 '광자사태'와 관련이 있다.

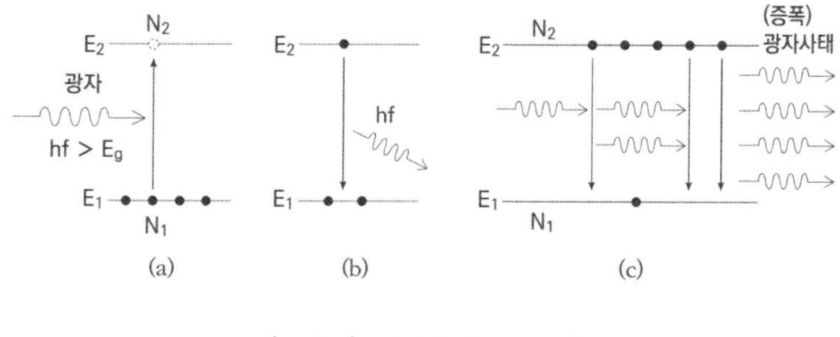

〈그림 8〉 광자의 흡수와 방출

(a) 흡수 ($N_1 > N_2$), (b) 자발 방출, (c) 유도 방출 ($N_2 > N_1$)

반도체 레이저에서 광자가 방출될 때 '자발 방출'이나 '유도 방출' 과정을 거친다. 이들 방출은 모두, 높은 '전도대역'에서 낮은 '가전자대역'으로 전자(의 에너지 상태)가 전이하면서, 광자를 방출하는 현상인데, '자발 방출'은 LED가 발광할 때 일어나는 주된 방출 과정이기도 하다. 물이 높은 곳에 있으면 자연적으로 아래로 떨어지는 것처럼, 전자들이 높은 에너지대역으로 올라가면 낮은 에너지대역으로 자발적으로 떨어지면서 광자를 방출한다. 이것이 '자발 방출'이다. 이때 방출되는 광자들의 진행 방향은 〈그림 8〉 (b)처럼 임의의 방향인 것이 특징이다.

한편 '유도 방출'은 레이저가 동작할 때 레이저에서 발생하는 주된 방출 과정이다. '유도 방출'은 마치 높은 절벽 위에 물이 떨어질듯 말듯 아주 불안하게 모여 있다가 외부로부터 유입되는 적은 양의 물에 자극을 받아 밑으로 왕창 떨어지는 것과 같이, 높은 에너지대역에 있는 전자가 입사하는 광자에 자극을 받아 낮은 에너지대역으로 떨어지면서 광자를 방출하는 현상이다. 이 '유도 방출'은 절벽 위에 물이 많이 모여 있을수록 외부의 자극에 더 민감한 것처럼, 높은 에너지대역에 전자가 많이 모여 있을수록 '유도 방출'이 더 잘 일어난다. LED에서는 '자발 방출'만 일어나는 데 비해, 레이저에서는 '광자사태'를 동반하는 '유도 방출'이 주된 발광 메커니즘이기 때문에 LED보다 훨씬 더 많은 광자들이 레이저로부터 방출된다[7].

아인슈타인은 이미 1917년에 레이저의 동작에서 가장 중요한 현상인 '유도 방출'을 예측하였다. 그러나 레이저가 처음 구현된 것은 거의 반세기가 지난 뒤인 1960년이었다. 그 뒤로 반도체 레이저를 비롯해서 다양한 레이저들이 지금까지 개발되었고, 현재 통신, 의료, 산업, 국방, 과학, 예술 등 사회 각 분야에 활발히 활용되고 있다.

그렇다면 레이저의 기본 원리란 무엇인가?

두 개의 에너지 준위가 있는 원자시스템[8] 또는 레이저 매질이 있다고 하자. 이 시스템에서 어떻게 광자들이 흡수되고 방출되는지를 간단히 살펴보자. 이미 2.3절에서 언급했듯이 광자들은 에너지를 갖고 있다. 만일 입사하는 광자의 에너지가 에너지 준위의 차[9]에 해당되면 매질을 지나가다가 낮은 에너지 준위(E_1)에 있는 전자에게 그 에너지를 주어 높은 에너지 준위(E_2)로 올려 보내고 광자는 소멸된다. 이것을 빛의 '흡수'라고 하며[〈그림 8〉(a)] 이때 원자들의 상태는 낮은 상태에서 높은 상태로 들뜨게 된다. 이 들뜬 상태는 불안하기 때문에, 즉시 전자는 도로 E_2

에서 E_1으로 '자발적으로' 떨어지면서 광자가 방출된다[〈그림 8〉 (b)]. 이것을 '자발 방출'이라고 부른다.

이렇게 들뜬 상태에 있을 때 전자들이 '자발적으로' 낮은 상태로 떨어지기도 하지만, 외부로부터 '자극을 받아서' 높은 상태에서 낮은 상태로 떨어지면서 광자가 방출될 수도 있다. 이것을 '유도 방출'이라고 하고, 이렇게 '유도 방출'을 통해서 방출된 광자들은 다시 들떠있는 다른 원자에 '유도 방출'을 일으켜서 다른 광자들을 방출시킨다. 이 과정이 순식간에 반복적으로 일어나면서 마침내 수많은 광자들이 쏟아져 나오는데 이때 우리는 '광자사태'에 이르렀다고 말한다[〈그림 8〉 (c)].

여기서 한 가지 주목할 점은 레이저 매질에서 '유도 방출'과 '흡수'는 동시에 일어난다는 것이다. 그러나 '유도 방출'은 더 많은 원자(N_2)들이 높은 상태에 들떠있을수록 즉 높은 에너지 준위 E_2에 있는 전자들이 많을수록 (N_2에 비례해서) 더 잘 일어나고, '흡수'는 낮은 상태에 있는 원자(N_1)들이 많을수록 (N_1에 비례해서) 더 잘 일어난다. 이것은 마치 절벽 위에 들떠있는 물의 양(N_2)이 많을수록 아래로 떨어지기 쉽고, 한편 절벽 아래 웅덩이의 물(N_1)이 많을수록 펌프질해서 절벽 위로 올리기 쉬운 것과 같은 이치이다. 따라서 레이저 매질에서 '유도 방출'이 '흡수'보다 훨씬 더 많이 발생하여 '빛의 증폭'으로 이어지기 위해서는 N_2를 N_1보다 더 크게 해줘야 한다.

일반적으로 자연 상태에서는 낮은 에너지 상태(E_1)에 있는 원자의 밀도(N_1)가 높은 에너지 상태(E_2)에 있는 원자의 밀도(N_2)보다 훨씬 더 크다. 즉 $N_1 > N_2$이다. 그러나 외부에서 N_2가

N_1 보다 크도록 에너지를 원자시스템에 충분히 공급해 주면, '밀도 역전(population inversion)' 즉 $N_2 > N_1$을 시켜줄 수 있다. 이것은 자연 상태에서는 물이 높은 곳에서 낮은 곳으로 흘러서 바닥에 많이 모이기 때문에 '펌핑'을 해서 물을 바닥에서 강제로 높은 위치의 웅덩이로 끌어올리는 것과 같다. 이렇게 외부에서 '밀도 역전'을 시켜주기 위해서 에너지를 강제로 주입시키는 것을 '펌핑'이라고 한다.

레이저에서 '빛의 증폭'이나 '광자사태'가 일어나서 수많은 '광자'들이 우수수 쏟아져 나오게 하려면 이러한 '펌핑'과 '밀도 역전', 그리고 '유도 방출'이 반드시 필요하다.

아토 세계에서도 펌핑은 필요하다

레이저마다 '펌핑'하는 방법이 다양하다.

최초의 레이저인 루비 레이저는 1960년 메이먼(Theodore Maiman)이 발명했다. 이 레이저는 플래쉬 램프(flash lamp)를 레이저 매질인 루비 결정 주위에 나선 모양으로 감은 후 램프에서 나오는 빛에너지를 주입함으로써 펌핑을 하는 '광펌핑(optical pumping)' 방법을 사용했다.

그러나 반도체 레이저에서는 외부에서 반도체에 '전류를 주입'하는 방법으로 레이저를 펌핑한다. 외부에서 반도체 레이저에 전류를 흘려주면 전도대역에는 전자가, 가전자대역에는 정공이, 주입되면서 쉽게 '밀도 역전'이 일어난다. 이때 전자와 정공이 반도체 안에서 결합하면서 광자들이 방출되는데, 그중 일부의 1차 광자들이 레이저 매질 속을 진행하면서 전도대역의 전자들을 자극해 ‘유도 방출’을 일으킨다. 이때 ‘유도 방출’을 통해서 나오는 광자들은, 1차 광자들과 합해져서 큰 무리인 2차 광자들이 된다. 이어서 2차 광자들도 매질 속을 진행하면서 앞의 과정을 반복하는데 이 과정에서 더 큰 무리들인 3차 광자들을 유도한다. 이러한 과정들이 지속되는 동안 ‘광자사태’와 ‘빛의 증폭(광증폭)’이 순식간에 일어난다[10][〈그림 8〉 (c)].

지금까지, 레이저에 대해서 살펴보았다. 간단히 요약하면 레이저는 LED와는 달리, 거의 똑같은 얼굴[11]을 가진 광자들을 무수히 복제해 내는 공장이다. 좀 더 쉽게 설명하면, 1개의 광자가 레이저 매질을 통과하면서 광자 1개를 유도 방출시킨 후에 도합 2개의 광자가 되고, 다시 2개의 광자가 또 2개의 광자를 방출시키면서 총 4개의 광자가 되고, 4개가 다시 8개가 되는 방식으로 광자들의 숫자가 레이저 매질에서 폭발적으로 증가한다. 이와 같이 ‘광자사태’와 ‘빛의 증폭’ 과정을 거치면서 레이저로부터 거의 동일한 광자들이 대량으로 복제되어 나온다. 레이저에 외부로부터 에너지의 공급을 중단하지 않는 한, 이러한 복제는 수명을 다할 때까지 끝없이 계속될 것이다.

앞에서 잠깐 언급했듯이 LED에서 나오는 광자들은 주파수와 위상, 그리고 진행 방향이 제각기 다르다. 이에 비해서 레이저에서 나오는 광자들은 주파수, 위상[12] 및 진행 방향이 거의 동일하기 때문에, 레이저는 LED에 비해 직진성과 광출력이 뛰어나다. 특히 반도체 레이저는 다른 종류의 레이저에 비해서 크기가 작고 효율성이 높아서 광통신, 디스플레이, 광센서 및 의료 분야 등 여러 분야에 현재 많이 사용되고 있다.

레이저는 광자들이 부활하는 장소이다

우리는 앞에서 레이저는 '광자를 수없이 복제하는 공장'이라고 말했다. 그러나 어디 그 뿐인가. 레이저는 광자들이 일제히 부활하는 장소이기도 하다. 인류 최초의 레이저인 루비 레이저를 예로 들어보자. 이미 앞에서 말했듯이 루비 레이저[13]는 '밀도 역전'을 시켜주기 위해서 플래쉬 램프로 '광펌핑'한다. 이렇게 램프로 레이저를 펌핑을 한다는 것은 플래쉬 램프에서 나온 광자, 즉 '펌핑용 광자'들을 레이저 매질에 흡수(소멸)시켜서, 낮은 에너지 준위에 있는 원자나 이온들을 높은 에너지 준위로 올라가게 한다는 의미이다. 일단 '밀도 역전'이 일어나면 '유도 방출'을 통해서 레이저 매질에서 '광자사태'가 일어나고 수많은 광자들이 방출된다. 이때 레이저에서 방출되어 나오는 광자들은 '펌핑용 광자'들과는 색깔, 파장, 주파수와 에너지 등이 다른 광자들이다. 이것은 아주 작은 세계에서 벌어지는 현상이지만, '펌핑용 광자'들이 흡수를 통해서 소멸한 후에 '유도 방출'을 통해서 다시 새로운 광자들로 부활한다고 말할 수 있다.

이와 같이 '펌핑용 광자'들이 레이저 매질에서 흡수되어 소멸된 후에 다시 다른 광자들로 부활하여 한꺼번에 우수수 쏟아져 나오는 레이저들이 많이 있다. 그들 중에는 루비 레이저를 포함하여 네오디뮴 야그(Nd-YAG) 레이저[14]와 같은 고체 레이저, 색소(dye) 레이저와 같은 액체 레이저, 그리고 다양한 종류의 광섬유 레이저가 있다. 최근에 의료 분야에서 특히 인기가 많은

Nd-YAG 레이저의 경우, 초기에는 플래쉬 램프로 펌핑을 했으나 요즘에는 주로 반도체 레이저로 '광펌핑'을 한다. 보통 Nd-YAG 레이저를 펌핑하기 위해서 사용하는 광자의 파장은 0.8μm이고, 레이저에서 최종적으로 출력되어 나오는 광자의 파장은 근적외선인 1.06μm이다.

레이저는 현재 인터넷, 정보통신, 디스플레이, 레이저 프린터, 레이저 스캐너, 의료기기 등 다양한 분야에서 꼭 필요한 존재가 되었다. 우리들은 오늘도 '광자들의 복제 공장이며 부활 장소인 레이저'에서 우수수 쏟아져 나오는 광자들의 도움으로 스포츠 게임이나 유튜브 동영상을 시청하면서 열광하고 있다. 그뿐만 아니라 이들 광자들은 우리들로 하여금 멀리 떨어져 있는 연인이나 가족들과 수시로 메일이나 SNS를 주고받으며 활기찬 삶을 살아가게 해준다.

그들은 정말로 우리에게 고마운 '어린 천사'들이다.

맺는 글

태초부터 그들이 있었다.

그들은 빛을 구성하는 가장 작은 입자인 '빛알갱이'들이다. 그들은 빛에너지의 최소 단위로써 '광자'라고 불리며, 수없이 모여서 빛을 이룬다. 그러므로 우리는 광자들이 반딧불처럼 불을 켜고 떼로 모인 곳을 별이라고 칭하고, 별에서 쏟아져 나오는 광자들의 무리를 별빛이라고 부른다. 광자들은 빛이 가는 곳마다 무리지어 따라다니면서 어둠의 조각들을 하나씩 먹어치우고 세상을 환하게 밝힌다. 차가운 암흑뿐인 우주의 빈 공간에 빛에너지를 가져다주고, 지구의 생명체에게는 빛이나 열에너지를 공급해서 생명이 꺼지지 않게 해준다. 그래서 우리는 그들을 '어린 천사'라고 부른다.

그들은 신비한 존재들이다. 질량이 없는 입자들이지만 운동을 하고 에너지를 갖고 있다. 그리고 누구보다도 빨리 광속으로 달린다. 그들은 빛 속에서 입자로 살면서도 우리 눈에 보이지는 않지만 구불구불 춤을 춘다. 구름 위에 달이 떠 있을 때 생기는 달무리나, 보는 각도에 따라서 색깔이 달라지는 비눗방울 현상은 그들에게 파동의 성질이 있음을 보여주는 증거이다.

그러나 그들에게 파동의 성질만 있는 것이 아니다. 광자를 빛알갱이, '빛의 양자' 또는 광양자라고 부르는 것도 광자에게 입자의 모습이 있다는 것을 내포하고 있는 것이다. 운동하는 광자가 원자와 충돌하여 원자를 정지시키거나, 광자 하나가 금속에 입사하여 전자를 하나 방출시킬 수 있는 것도 광자가 입자이기 때문이다. 이와 같이 광자 덩어리인 빛은 입자이면서 파동성을 지니고 있고, 파동이면서 입자성을 띠고 있다.

이러한 빛의 이중성은 일찍이 천재 과학자들에게도 수수께끼였다. 뉴턴은 처음에는 '빛의 파동성'을 인정했으나, 나중에는 빛이 파동이 아니고 입자라는 그의 생각을 굽히지 않았다. 그러나 뉴턴은 프리즘 실험에서 여러 색깔의 입자들이 에테르로 하여금 고유 주파수로 떨게 한다고 빛의 이중성을 암시하는 듯한 모호한 주장을 펴기도 했다.

과학은 빛에 대한 학문이라고 해도 과장된 얘기가 아닐 정도로 과학 서적들은 오랫동안 빛의 이야기들로 가득했다. 그리고 위대한 과학자들은 한결같이 빛과 친했다. 위대한 과학자들인 호이겐스(Huygens), 영, 프레넬(Fresnel), 맥스웰 등은 빛이 파동이라는 사실을 이론이나 실험을 통해서 입증한 천재들이었지만 빛이 입자이기도 하다는 사실을 끝내 밝혀내지는 못했다.

빛이 빛에너지의 최소 단위인 '광양자', 즉 광자라는 입자로 되어 있다고 입자론을 제기한 사람은 천재 과학자인 아인슈타인이었다. 이렇게 광자라는 이름이 1905년에 세상에 알려지면서 새로운 과학의 역사가 시작되었다. 20세기 이후 현재까지 과학사는 '광자들의 역사'라고 할 정도로 그들 얘기로 분분하다. 수많은 과학자들이 그들의 열렬한 팬이었다. 그들을 가까이에서 관찰하고 호흡하면서 많은 경험을 했고 업적도 남겼다. 그럼에도 불구하고 아인슈타인조차도 '일평생 노력했지만 광자에 대해서 여전히 모른다'고 그가 고백했듯이, 그들은 아직까지 수수께끼 같은 존재들이다.

본문에서 우리는 광자들의 몇 가지 특성을 살펴보았다.

그들은 작은 두 개의 구멍을 놓고 몸을 찢어서 파동처럼 나뉘어 지나갈 수도 있고(영의 실험), 구멍 모서리에서 휘어서 지나갈 수도 있다(회절). 그들은 둘이 만나서 넷이 될 수도 있고 영이 될 수도 있다(간섭). 그들로 인해서 우리가 볼 수도 있으나 그들 때문에 눈이 멀 수도 있다. 그들은 우리를 따뜻하게도 해주지만 얼릴 수도 있다(광냉각). 그들은 서로 쌍둥이나 세쌍둥이로 얽혀 있어서 은하 반대쪽에서 쌍둥이에게 무슨 일이 일어나면 각자가 즉시 알 수 있다(양자 얽힘). 마음만 먹으면 그들은 우리를 적으로부터 숨겨줄 수도 있고, 우리의 모습을 다르게 보여줄 수도 있다(투명 망토). 우리들에게 그들은 '어린 천사'들과 같지만 힘이 센 쪽으로 모이는 습성은 사람들과 같다(굴절). 그들은 원하면 언제든지 입체 영상을 제작하여 먼 훗날 우리 후손들에게 우리들의 모습을 보여줄 수도 있다(홀로그램). 전자와 정공이 반도체에서 서로 만나 그들이 태어나기도 하고, 소멸된 후에는 광자사태를 거쳐서 다시 부활하기도 한다(탄생과 부활).

반도체 시대 이전에는 광자들이 별, 주로 태양에서 날아왔다. 그러나 반도체가 등장하면서부터 반도체는 이 책에서 '작은 공룡'이라고 불리는 전자와 정공들의 생활 터전이 되었다. 바로 전자와 정공이 반도체에서 결합할 때 광자들이 태어난다. 우리는 음의 전하인 전자를 수컷 공룡, 양의 전하인 정공을 암컷 공룡이라고 불렀다. 여기서 전자를 수컷이라고 일컫는 이유는 전자가 반도체 소자에서 더 활동적이기 때문이다. 따라서 전자가 하나 비어 있는 공간인 정공은 반대로 암컷이라고 불리었다. 이들 전자와 정공들이 결합하여 광자들을 방출하는 소자에는 LED와 반도체 레이저가 있다. LED는 '자발 방출'을 통해서 광자를 방출하는 반도체 소자이고, 반도체 레이저는 '유도 방출'을 통해서 광자를 방출하는 소자이다. 반세기 전부터는 이들 반도체를 비롯한 각종 반도체들이 광자들의 터전이 되었다. 그곳에서 태어나서 일하다가 소멸되고 다시 부활한다.

반도체에서 광자들이 할 수 있는 일은 무궁무진하다. 몇 가지 그들이 하는 일을 살펴보면 다음과 같다. 그들은 소식을 전하는 우편배달부로 소임을 다하기 위해 메시지를 가지고 무리지어서 빛의 고속도로 위를 달린다. 밤이 되면 그들은 더 바빠진다. 방안의 조명등이나 거리의 가로등을 밝히려고 그들의 몸에서 불이 난다. 오늘날의 교통 통제는 그곳이 교차로든지 공항이든지 그들이 없이는 더 이상 불가능하다. 그들은 불을 밝히는 요정들, 반도체에서 무리지어 나와서 밤에도 낮처럼 환하게 거리와 방안을 밝힌다. TV, 인터넷, 휴대폰, 가전기기, 디스플레이 장치, 레이저 프린터, 홀로그램 등 우리 주변에 있는 거의 모든 장치들은 광자들이 주관한다. 그뿐만 아니라 그들은 우리들의 병든 세포 속으로 직접 들어가서 암이나 불치의 질병을 우리에게 조기에 알려주기도 한다. 이것이 전부가 아니다. 우주가 팽창하고 있다는 것도, 우주의 기원에 대해서 증거 자료를 내놓았던 아이들도 다름 아닌 광자, 즉 '어린 천사'들이다. 심지어 아인슈타인이 상대성이론으로 100년 전에 이미 예견했던 '중력파'의 존재를 2016년에 측정을 통해서 밝힌 아이들도 광자들이다. 그들은 중력파를 측정하는 작업을 수행하면서 수많은 동료들을 마이켈슨 간섭계의 긴 경로 안에서 잃었으나 포기하지 않고 일을 끝마침으로써, 인류에게 새로운 '중력파 천문대' 시대가 다가오고 있음을 알려 주었다.

광자, 정말로 엄청난 아이들이다.

어느 누구도 그들이 지구를 점령했다고 말하고 있지 않지만 그들은 지구 곳곳의 거의 모든 조명등과 가로등뿐만 아니라 인터넷, 휴대폰, 디스플레이 등을 장악했다. 어찌 보면 무서운 아이들이기도 하다. 그러나 그들은 날마다 지구 생명체들에게 에너지를 주기 위해서 아주 먼 곳에서부터 달려온다. 가난하거나 불구자라고 해서 어느 누구도 차별하지 않는다. 누구한테든지 몸을 덥힐 수 있도록 따뜻한 온기를 주고, 낮에 일터에서 일할 수 있도록 햇빛을 선사해 준다. 우리에게 무조건 주기만 하는, 어린 천사와 같다. 그들이 우리를 바라보는 모습은 언제나 웃는 모습이다. 그들을 볼 때마다 우리의 얼굴이 밝아지는 것은 그들이 우리에게 항상 미소 짓고 있기 때문일 것이다.

앞으로 우리는 이 아이들과 어떻게 살아가야 할까?

물에 대한 이런 이야기를 들은 적이 있다. 물 전문가가 물에 대한 실험을 했는데, 두 컵에 동일한 물을 넣고, 한쪽 물에는 욕을 하고 다른 쪽 물에는 좋은 말만 했다고 한다. 그런데 놀라운 일이 벌어졌다. 욕을 한 물에 들어 있는 물 분자는 깨어져 있었고, 좋은 말을 해준 물에서는 육각수의 모양을 유지하고 있었다고 한다. 이것은 무엇을 의미하는가? 물을 구성하고 있는 물 분자들, 그 속에 있는 입자들이 우리의 말을 알아듣고 반응했다고밖에 생각할 수 없지 않은가?

광자들에게 똑같은 일이 벌어지지 않으리라는 법은 없다. 우리에게 에너지를 공급하고 메시지를 전달해주고, 조명등을 밝혀주는 '광자'들, 그들이야말로 우리에게 천사들이 아닌가? 우리가 그들에 대한 고마움을 잊지 않고 감사하는 한 그들은 우리에게 '천사'로서의 소명을 다할 것이다. 어려운 삶의 그늘 속에서 빛을 보지 못하고 꺼져가고 있는 생명들에게 '빛'과 '에너지'를 주어서 일어서게 할 것이다. 그들에게 포기는 없다. 심지어 어둠 속에 구속되어 지하 바닥에 웅크리고 있는 전자들이라 하더라도 그들이 오면 어둠이 물러가고 희망으로 물결쳐 공장에 불이 켜지고 기계가 돌아가지 않던가. 그들이 실의에 찬 낙오자의 어깨에 손을 얹으면 차가운 가슴이 뜨거워지면서 생기가 돌지 않던가!

광자, 너는 과연 누구인가? 너는 정말로 어린 천사인가?

참고문헌

국문

- 오정근, 『중력파-아인슈타인의 마지막 선물』, 동아시아, 2016
- 이시경, 『쥐라기 평원으로 날아가기』, 지혜, 2012.
- 이시경, 『아담의 시간여행』, 한국문연, 2018.

영문

- Beiser A., *Concept of Modern Physics*, Mcgraw-Hill College, 1987.
- Einstein A., *Relativity-The special and the General Theory*, Authorized Translation by Lawson, Crown Publishers, 1961.
- Feynman R., Leighton R., Sands M., *The Feynman Lectures on Physics*, Vol. 3, Addison-Wesley, 1965.
- Hecht E., *Optics*, Addison Wesley, 2017.
- Kasap S., *Principles of Electronic Materials and Devices*, McGraw -Hill, 2006.
- Kasap S., *Optoelectronics and Photonics, Pearson Education Limited*, 2013.
- Palais J., *Fiber Optic Communications*, Prentice Hall, 2005.
- Panek R., *The 4 Percent Universe*, Houghton Mifflin Harcourt, 2011.
- Schubert E., *Light Emitting Diodes*, Cambridge University Press, 2006

•Streetman B. and Banerjee, *Solid State Electronic Devices*, Pearson Education Limited, 2014.
•Zettili N., *Quantum Mechanics*, John Wiley & Sons, 2009.

미주

1장

1 진공관(Vacuum tube)은 내부가 진공 상태인 유리로 된 튜브를 말하며, 튜브 안에 전극이 2개 또는 3개가 있다. 최초의 다이오드인 이극 진공관은 1904년에 처음 등장하여 전신기에 쓰였으며 이어서 삼극 진공관이 나왔다. 이들 진공관 소자들은 반도체가 나오기 전까지 전자 부품으로 다양한 분야에서 사용되었다.

2 컴퓨터와 같은 전자기기는 수많은 트랜지스터, 저항 및 캐패시터로 이루어져 있다. 이 부품들을 도선으로 일일이 연결하는 대신에 실리콘 칩(chip) 속에 모두 집적해 넣을 수 있어서 속도도 빠르고 메모리 용량도 아주 큰 소형 컴퓨터를 구현할 수 있다. 이렇게 실리콘 칩에 많은 부품들을 집적하여 제작한 복잡한 회로를 집적회로(integrated circuit, IC)라고 한다. 집적회로는 1959년 미국 텍사스 인스트루먼트에 근무하던 잭 킬비(Jack Kilby)에 의해서 발명되었다. 초기에는 트랜지스터 몇 개만이 들어갔으나 기술이 빠르게 발전하여, 2005년 인텔의 마이크로프로세서 칩에 십억 개가 넘는 트랜지스터가 들어갔고, 2019년 삼성의 모바일 반도체 부품(1TB eUFS)에는 8조 개 이상의 트랜지스터가 들어가 있다.

3 스마트폰은 초소형 컴퓨터가 내장되어 있는 디지털 휴대폰이다. 여러 가지 첨단 반도체들을 하나로 통합하여 구현한 기기이기 때문에, 컴퓨터로 사용할 수 있을 뿐만 아니라 무선 인터넷, 무선 통신, 게임, 동영상 등을 즐길 수 있다. 오늘날에는 초기 컴퓨터인 에니악 십만 개 이상을 합해 놓은 성능을 자랑하는 스마트폰들이 출시되고 있다.

4 '정공(hole)'은 '양공'이라고도 불리며, 전자가 하나 빠진 '빈자리'를 말한다. 외부로부터 에너지를 받아서 반도체 결정에서 빠져나온 '전자'는 그곳에 '빈자리'를 남기고 자유롭게 돌아다닐 수 있다. 전자가 음전기를 띠고 있기 때문에 정공은 양전기를 띤다.

5 우선 원자는 무엇인가? 원자는 물질을 이루는 기본 입자로서 이들이 모여서 분자도 되고 결정도 형성한다. 덴마크 물리학자인 닐스 보어(Niels Bohr)가 1913년에 완성한 수소 원자의 모델을 보면 가운데에 원자핵이 있고 그 주변에 있는 궤도를 지구가 태양을 공전하는 것처럼 전자 1개가 돌고 있다. 여기서 궤도의 반경은 대략 0.5Å(=0.5×10^{-10}m)이고, 전자는 궤도 위를 매초 6000조 번 이상 빠르게 회전한다. 수소보다 더 복잡한 원소인 실리콘 원자는 전자 14개가 원자핵 주변 궤도를 돌고 있다.

6 서로 r만큼 떨어져 있는 전기를 띤 두 물질이 있다고 하자. 이 물질들이 띠고 있는 전기의 양, 즉 전하량이 각각 Q_1과 Q_2라고 한다면 두 물질 사이에 서로 쿨롱의 힘(Coulomb force)이 작용한다. 이 힘의 크기는 거리(r)의 제곱에 반비례하고 각각의 전하량의 곱($Q_1 \cdot Q_2$)에 비례한다. 따라서 두 전하(electric charge)의 극성이 서로 반대이면 두 전하 사이에 인력이 작용하지만, 같은 극성이면 전하들끼리 서로 밀치는 척력이 작용한다.

7 원자의 가장 바깥쪽 궤도(최외각 또는 가장 바깥쪽 껍질)에 있는 전자를 말하며, 이웃하는 원자들 간의 결합에 참여한다.

8 단일 원자에서 원자핵에 쿨롱의 힘으로 구속된 전자의 에너지 값은 양자화 되어 있다. 여기서 '에너지가 양자화 되어 있다'는

것은 에너지 준위가 띄엄띄엄 불연속적으로 있다는 뜻이다. 그러나 서로 멀리 떨어져 있는 원자 두 개를 가까이 접근시키면 원자들 간에 쿨롱의 힘이 작용하면서 에너지 준위가 하나에서 두 개로 분할된다. 마찬가지로 N개의 원자가 서로 가까이 밀집해 있으면 하나의 에너지 준위가 N개로 분할된다. 고체에서는 서로 밀집해 있는 원자들의 수가 우주의 별만큼 굉장히 많기 때문에, 에너지 준위가 아주 촘촘히 분할되어 '에너지 대역(energy band)'을 이룬다. 원자를 서로 접근시킴에 따라서 에너지 준위가 이와 같이 분할되는 현상을 파울리 배타 원리(Pauli exclusion principle)로도 설명할 수 있다. 에너지 준위가 아주 촘촘하게 분할되어 있다는 의미는 전자가 가질 수 있는 에너지 준위가 이 에너지 대역 안에서 거의 연속적이라는 뜻이다.

9 '에너지 대역(energy band)'은 '가전자대역'이나 '전도대역'처럼 에너지 준위가 거의 연속적으로 촘촘하게 있어서 전자들이 그 대역 안에서 자유로이 이동할 수 있는 대역을 말한다. 고체 물리에서 원자 안에 있는 전자들의 거동을 에너지 준위(energy level) 또는 에너지 상태(energy state)로 나타낸다.

10 하층에서 상층으로 점프한다는 의미는, 엄밀히 말해서 전자의 에너지 상태가 낮은 에너지 상태에서 높은 에너지 상태로, 외부의 에너지를 받아서 그만큼 위로 이동한다는 뜻이다. 이 의미는 우리가 실제로 보고 만질 수 있는 그런 공간에서의 이동을 뜻하는 것은 아니다.

11 물론 더 많은 계층으로 구분할 수도 있으나 여기서는 편의상 두 계층으로 나누었다.

12 에너지갭 $E_g = E_c - E_v$이다. 여기서, E_c는 전도대역의 맨 아래 에너지 준위를 가리키고, E_v는 가전자대역의 맨 꼭대기 에너지 준위를 말한다.

13 여기서 'eV'는 '전자볼트(electron volt)'로 전자 하나가 1볼트의 전위(전기적 위치에너지)를 거슬러 올라갈 때 드는 일의 크기로, 에너지의 단위이다.

14 하층인 가전자대역에서 상층인 전도대역으로 올라간 전자들은, 원자핵 근처에 있는 '속박 전자(bound electron)'와는 달리 거의 구속받지 않는 '자유전자'이며, 결정 안에서 쉽게 잘 이동할 수 있기 때문에 반도체에서 전기 전도성(electrical conductivity)을 높여준다. 따라서 전도대역에 있는 전자를 '전도 전자'라고도 부른다. 반도체에서 전류 흐름에 기여하는 전자들은 '속박 전자'들이 아니고 바로 이들 '전도 전자'들이다.

15 5가 원자란 외각 껍질 또는 최외각 궤도에 전자가 5개 들어가 있는 원자를 말한다. 마찬가지로, 3가 원자란 최외각 껍질에 전자가 3개 들어가 있는 원자를 말한다. 따라서 5가 원자인 비소(As)를 실리콘 결정에 불순물로 첨가하는 경우, 비소 원자의 외각 4개의 전자는 인접한 실리콘 원자와 공유결합을 완성하고, 나머지 하나는 불순물 원자핵과 약하게 결합되어 있어서 외부로부터 아주 약한 에너지만 받아도 끊어져 '자유전자'가 된다.

16 음전하(negative charge)인 '전자'가 전류의 흐름에 주로 관여하는 반도체를 'negative'의 앞 글자를 따서 'n형 반도체'라고 부르고, 반대로 양전하(positive charge)인 '정공'이 전류의 흐름에 관여하

는 반도체를 ‘p형 반도체’라고 부른다.

17 실리콘은 가장 바깥쪽 궤도에 있는 네 개의 전자를 이웃하는 네 개의 실리콘 원자들과 서로 공유함으로써 실리콘 결정을 형성한다[〈그림 1.2〉 (b)]. 탄소와 게르마늄도 이러한 공유결합을 한다.

18 실리콘 반도체에서 원자 진동의 평균 열에너지는 ~$3k_B$T(~0.07eV) 정도이다(Kasap, 2013). 여기서 k_B는 볼츠만 상수이고 T는 절대 온도이다. 따라서 상온에서 전자는 불순물 준위에서 전도대역으로 충분히 도약할 수 있다.

19 상온에서 전자의 평균 열에너지가 불순물의 에너지 간극($E_c - E_d$)과 비슷하기 때문에 중간층에 있는 전자들이 쉽게 열에너지를 받아서 전도대역으로 이동할 수 있다. 그러나 실리콘의 에너지갭은 전자의 평균 열에너지 보다 훨씬 높은 1.1eV이다. 따라서 가전자대역에 있는 전자가 에너지갭을 뛰어 넘어 전도대역의 자유전자가 되기는 확률적으로 아주 낮다.

20 길이의 단위인 ‘μm’는 ‘마이크로미터’라고 읽으며, 1마이크로미터는 백만분의 1미터에 해당한다. 즉 $1\,\mu m = 10^{-6}\,m$이다.

2장

1 나노미터는 ‘nm’로 표기하며, 10억 분의 1미터를 말한다. 반도체 내부에 있는 구조물의 크기가 수 나노미터 혹은 그 이하로 작아지면 양자구속 효과(quantum confined effect)에 의해서 반도체 소

자에서 독특한 광학적, 전기적 특성이 나타난다. 이것을 기반으로 현재 다양한 양자점(quantum dot), 양자우물(quantum well) 소자들이 개발되어 현재 광통신, 디스플레이, 태양전지 분야 등에 많이 응용되고 있다.

2 여기에서 무생물인 전자와 정공을 '작은 공룡'으로 인격화하여 반도체 소자 안에서의 그들의 움직임을 생생하게 나타내려고 했다. 이러한 시도는 이 책 곳곳에서 발견될 것이다.

3 음전하를 띤 전자는 양극으로 이동하고 양전하를 띤 정공은 음극으로 이동한다.

4 그들은 묵묵히 규칙에 따라서 일만 한다. 쉬지 않고 불평도 없이 일을 한다. 아직까지 전자들이 데모했다는 소식은 없다. 그런 낌새가 있었는지, 아니면 낌새조차 전혀 없었는지 아직은 감감하지만, 여전히 '작은 공룡'들은 '나노나라'의 공장이나 나노평원에서 주어진 일만 충실히 수행하고 있다.

5 이미 앞에서 전자와 정공이 만나서 광자를 남기고 정공이 사라지는 현상을 우리는 작은 공룡들의 사랑 행위라고 했다. 이러한 현상은 10억 분의 1초라는 아주 짧은 시간 동안에 일어난다. 이 세상에서 남녀가 만나 사랑하다가 어미가 자녀를 낳고 수명을 다한 후에 사라지는 것과 무엇이 다른가? 분명히 그들은 짝짓기를 통해서 사랑을 한다. 짝짓기는 나노평원에서 작은 공룡들이 하는 일 중에서 가장 의미 있는 일이다. 그들은 짝짓기를 위해서 태어났으며 그것을 위해서는 어디든지 달려간다. 험한 물살과 악어가 우글거리는 마라강을 건너서 세렝게티 평원에 짝짓기

를 위해서 몰려드는 영양들처럼 전자와 정공이 반도체 평원이나 골짜기에서 만나서 사랑을 한다. 그들 무리들이 짝짓기를 하면 새끼를 낳고 사라진다. 그 속도는 영양 새끼를 노리는 사자들보다 빠르다. 그렇게 한 무리가 사라지면 다른 무리들이 어김없이 몰려든다.

6 열에 의한 결정격자의 진동모드, 즉 원자의 양자화된 '격자진동' 또는 '열진동'을 나타내는 가상적인 입자를 포논(phonon)이라고 부른다.

7 화합물 반도체인 갈륨비소(GaAs)에서는 전자(의 에너지 상태)가 전도대역에서 가전자대역으로 직접 떨어지면서 광자가 방출되지만, 실리콘에서는 포논이 중간에 관여함으로써 가전자대역으로 천이할 수 있다. 따라서 갈륨비소의 발광효율이 실리콘에 비해서 훨씬 높다.

8 빛을 구성하는 가장 작은 '빛알갱이'를 말하며 포톤(photon)이라고 부른다. 광자에는 정지 질량은 없으나 에너지와 운동량은 있다. 기본 입자(elementary particle)의 하나이다.

9 아주 작아서 더 쪼갤 수 없는 최소 단위인 알갱이를 '양자(quantum)'라고 부른다. 따라서 전자나 광자도 양자라고 할 수 있다. 특별히 빛의 최소 구성 요소인 빛알갱이를 '빛의 양자' 또는 '광양자'라고 부른다. 빛이 에너지의 덩어리, 즉 광양자로 이루어져 있다고 가정했던 최초의 과학자는 플랑크이고, 아인슈타인은 '빛의 양자(광양자)'를 광자(photon)라고 불렀다. 이와 관련해서는 2.3절에서 좀 더 자세히 다루겠다.

10 서로 다른 밴드갭을 갖는 반도체들 간의 접합을 이질접합(heterojunction)이라고 한다. '이종 이질접합 구조(double-heterojunction structure)'를 하고 있는 광 반도체 소자들의 효율이 동질접합(homojunction) 구조를 가진 소자들에 비해서 우수하다.

11 전자가 나노 크기의 우물에 갇혀 있으면 에너지 준위가 양자화되는데 이러한 우물을 양자우물(quantum well)이라고 한다. '양자우물 구조'는 보통 밴드갭이 큰 두 개의 반도체 층 사이에 밴드갭이 작은 반도체 층이 끼워져 있는 구조를 하고 있다. 이 양자우물에서 전자와 정공 사이에 재결합이 일어날 때 광자가 방출된다. '양자우물 구조'를 한 광 반도체의 효율이 특히 뛰어나기 때문에 LED나 레이저 다이오드에서 이 구조를 선호한다.

12 이상적인 흑체(blackbody)는 내부가 텅 빈 공동(cavity)에 구멍을 뚫어서 구현할 수 있다. 이때 공동의 구멍에서 나오는 복사 에너지(radiant energy)는 흑체복사(blackbody radiation)처럼 독특한 스펙트럼 분포를 하고 있다. 흑체에서는 열평형 상태에서 주변과 동일한 온도를 유지하기 위해서, 흡수한 복사 에너지만큼 에너지를 방출한다.

13 1초 동안 파동의 진동하는 횟수를 진동수(f) 혹은 진동 주파수라고 부른다. 또는 간단히 주파수라고 부른다.

14 빛의 파장 $\lambda = c/f$이기 때문에 빛의 파장과 주파수는 서로 반비례한다. 여기서 c는 광속이다.

15 수광소자들은 광통신이나 광센서 등에 주로 응용된다. 그들의

동작 원리에 대해서는 6.2절을 참조하기 바란다.

16 반도체 발광소자에는 크게 발광 다이오드(LED, light emitting diode)와 레이저 다이오드(LD, laser diode)가 있다. LED와 LD에 대한 자세한 설명은 각각 5장과 8.3절에 있다.

17 즉 빛에너지 또는 광자의 에너지 $E(=hf=hc/\lambda)=E_g$이다.

3장

1 맥스웰은 전자기파의 속도 $c=1/\sqrt{\epsilon\mu}$가 빛의 속도와 같다는 것을 알았다. 여기서 ϵ과 μ는 각각 재질의 전기와 자기 상수들로서 유전율과 투자율이라고 불린다. 진공 중에서 빛의 속도, 즉 광속은 초속 30만 킬로미터이다.

2 파동의 형태는 간단히 사인이나 코사인 곡선으로 나타낼 수 있다. 진폭이 A이고, 시간(t)이 경과함에 따라서 x-방향으로 진행하는 파동에 대한 사인 곡선의 식은 다음과 같다. $\Psi(x,t)=A\sin 2\pi(\kappa x-ft)$이다. 여기서 κ는 단위 길이당 파동의 개수를 나타내는 파수(wave number, 1/λ)이며, f는 단위 시간당 파동의 진동하는 수, 즉 주파수를 말한다. 임의의 어떤 시간 $t=t_1$에서 파동 Ψ_1과 Ψ_2가 위치(x)에 따라서 어떻게 진동하는지를 〈그림 3.1〉에 도식하였다.

3 여기서 일치한다는 의미는 두 파동 사이에 어긋남이 전혀 없거나, 어긋남이 파장의 정수배만큼 있는 경우를 말한다. 두 파동

사이의 어긋남이 파장의 정수배만큼 일어나도 마루와 마루가 일치한다는 것을 〈그림 3.1〉 (a)로부터 쉽게 알 수 있다.

4 두 파동이 완전히 어긋난다는 의미는 두 파동 사이의 어긋남이 반 파장(λ/2) 차이가 난다는 뜻이다. 즉 하나의 파동이 마루(골)인 지점에서 다른 파동은 반대로 〈그림 3.1〉 (b)처럼 골(마루)이 나타난다는 것을 말한다.

5 각각 다른 경로를 지나는 두 빛의 경로의 차이를 광로차(optical path difference)라고 부르지만 여기서는 그냥 경로차라고 불렀다. 엄밀히 말하면 광로차는 경로차(실제 경로의 차이)에 매질의 굴절률을 곱한 값이다. 공기의 굴절률은 1이기 때문에 공기 중에서는 광로차와 경로차는 동일하다.

6 두께(기름막의 표면에서 바닥까지의 길이)가 d인 기름막에 입사각 θ로 입사하는 빛이 있다고 하자. 기름막의 표면과 그 바닥에서 반사되는 두 빛을 간섭시킬 때, 두 빛의 경로차가 정수배가 될 때 보강간섭이 일어난다. 이러한 조건을 '보강간섭 조건'이라고 하며 식으로 나타내면, $2dn\sin\theta = m\lambda$이다. 여기서 n는 기름막의 굴절률, m은 정수이다. 따라서 빛의 입사각 θ에 따라서 '보강간섭 조건'이 달라지고, 이 때문에 기름막의 색깔 또는 빛의 파장(λ)이 보는 각도에 따라서 달라지는 것이다. 기름막의 두께가 빛의 파장 정도로 얇을 때 간섭 현상이 더 잘 일어난다.

7 서로 아주 가까이 놓여 있는 2개의 좁은 슬릿을 말한다. 〈그림 3.2〉에 있는 이중 슬릿은 이해를 돕기 위해서 과장해서 그린 것이다. 프라보니(Stefano Frabboni) 교수 팀이 2012년에 『울트라마이

크로스코피』에 발표한 '이중 슬릿 간섭 실험에 대한 논문(The Young-Feynman two slits experiment with single electrons)'에 의하면 그들이 사용한 이중 슬릿은 슬릿 사이의 간격이 430nm이고 폭은 95nm이었다.

8 독일 물리학자 하이젠버그(Werner Heisenberg)에 의해서 발견되었다. 입자의 위치(x)와 운동량(p)을 동시에 측정할 때 정확도에 한계가 있다는 이론이다. 즉 위치와 운동량을 동시에 측정할 때 위치를 정확하게 측정하려고 하면 할수록 운동량의 불확정도(Δp)는 더 커지고, 반대로 운동량을 더 정확하게 측정하려고 하면 할수록 위치의 불확정도(Δx)는 커져서, 아무리 과학자들이 계측기를 잘 만들고 정확하게 실험을 한다고 해도 이 한계치보다 더 정확하게 측정할 수는 없다는 원리이다. 이것을 간단히 식으로 나타내면 $\triangle x \triangle p \geq \hbar/2$이고 여기서 $\hbar = 1.05 \times 10^{-34}$ J.s이다. 양자역학을 지탱해주는 가장 중요한 원리 중 하나이다.

9 영국의 유명한 이론 물리학자인 폴 디랙(Paul Dirac)은 그의 저서(The principles of quantum mechanics, 1930)에서 '광자는 오로지 자기 자신과 간섭한다'라는 유명한 말을 남겼다.

10 이러한 원형 구멍에 대한 회절 무늬를 '에어리 고리'라고도 한다. 다양한 다른 형태의 구멍에 대한 회절 무늬는 프라운호퍼(Fraunhofer) 회절로 설명된다.

11 이 힘을 '로렌츠 힘(Lorentz Force)'이라고 하는데, 전기장과 자기장에 의해서 전하가 받는 힘을 말한다.

12 1기압 $\simeq 10^5 N/m^2$.

13 프레넬 방정식은 한 매질에서 다른 매질로 빛이 입사할 때, 두 매질 사이의 경계면에서 입사하는 빛 중에서 얼마나 반사되고, 또 얼마나 투과하는지를 말해주는 식이다. 즉, 이 식으로부터 반사율과 투과율을 알 수 있다. 좀 더 구체적으로 말해서 두 매질의 굴절률 n_1, n_2 와 입사각을 알면 경계면으로 입사하는 빛의 반사율과 투과율을 계산할 수 있다.

14 빛이 굴절률이 각각 n_1 과 n_2 인 두 매질 사이의 경계면에 수직으로 입사하는 경우, 프레넬 방정식에 의하면 경계면에서의 빛의 반사율은 $(n_1-n_2)^2/(n_1+n_2)^2$ 와 같다. 따라서 외부의 공기층(n_1=1)에서 유리층(n_2=1.5)으로 빛이 입사할 때 반사율은 0.04 정도가 된다. 다시 말해서 4퍼센트의 빛이 경계면에서 반사된다.

15 이러한 거울을 '부분 반사 거울(partially reflecting mirror)'이라고 한다.

16 빛을 방출하는 광원(optical source)을 뜻한다.

17 이렇게 굴절률이 큰 쪽으로 경계면에서 꺾이는 현상을 굴절이라고 한다. 다시 말해서 공기의 굴절률이 1이고, 물의 굴절률이 1.33 정도이기 때문에 비스듬히 입사한 빛은 수면에서 굴절률이 큰 물 안쪽으로 꺾인다.

18 여기서 빛과 매질과의 산란, 흡수 등의 미시적인 상호작용은 무시하였다.

19 빛이 경계면에서 반사될 때 반사각은 입사각과 동일하다.

20 빛은 동일 매질에서 직진하다가 다른 매질을 만나면 그 경계면에서 일부는 반사의 법칙에 따라서 반사되고, 나머지는 굴절의 법칙에 따라서 빛이 꺾인다는 것이 '기하광학'의 기본 법칙이다. 이러한 법칙에 따라서 광학시스템을 설계하는 학문을 '기하광학'이라고 부른다.

21 최초로 발견한 사람의 이름을 따서 '스넬스 법칙'이라고도 하며, 매질 1에서 매질 2로 경계면에서 빛이 꺾일 때 굴절 방향을 결정해 준다. '굴절의 법칙'을 식으로 나타내면 다음과 같다. $n_1 \sin\theta_1 = n_2 \sin\theta_2$, 여기서 n_1과 n_2는 각각 매질 1과 매질 2의 굴절률이고, θ_1과 θ_2는 각각 입사각과 굴절각이다. 여기서 입사각 θ_1과 굴절각 θ_2는 경계면의 법선과 빛이 이루는 각이다. 위 식으로부터 우리는 중요한 사실을 하나 알 수 있다. 그것은 매질 1의 굴절률 n_1이 매질 2의 굴절률 n_2보다 크면, 굴절각 θ_2가 입사각 θ_1보다 더 커야 등식이 성립한다는 사실이다. 간단히 말해서 '빛은 굴절률이 큰 매질 쪽으로 꺾인다'고 말할 수 있다.

22 광섬유(optical fiber)는 중심부에 있는 코어(core) 층과 그것을 감싸고 있는 클래딩(cladding)이라고 하는 두 층으로 이루어진 머리카락 굵기 정도의 원통형 광도파로(optical waveguide)를 말한다. 광신호나 이미지를 전송할 수 있으며, 코어와 클래딩은 주로 유리 또는 플라스틱으로 되어 있다. 처음에 개발된 광섬유는 빛의 도파 손실이 매우 컸다. 그러나 중국계 미국 과학자인 카오(Charles Kao)를 비롯한 과학자들의 연구와 미국 코닝(Corning) 회사의 광섬유 제작 기술 개발을 통해 획기적으로 개선되어, 현재 광통신, 센서, 의

료, 조명 등 여러 분야에 널리 활용되고 있다.

23 금속에 구속되어 있는 전자를 밖으로 빼내기 위해서는 최소한의 에너지가 필요하다. 이 에너지를 일함수(work function)라고 하며, 금속마다 일함수가 다르다. 따라서 금속에 입사하는 광자의 에너지($E=hf$)가 일함수보다 커야 전자가 그 광자의 에너지를 받아서 자유전자가 될 수 있다. 이것이 아인슈타인이 처음 규명한 광전효과의 원리이다. 마찬가지로 광전효과는 반도체에 광자가 입사할 때도 일어난다. 이 경우는 입사하는 광자의 에너지가 반도체의 에너지갭보다 더 커야 자유전자가 생성될 수 있다.

24 운동하는 물체가 전자와 같이 작은 입자인 경우, 물체의 드브로이 파장이 $\lambda=h/p$와 같다는 것이 이미 다양한 실험을 통해서 입증되었다. 그러나 거시적인 물체의 경우는 운동량 p값이 플랑크 상수 값 h(=$6.63\times10^{-34}J.s$)에 비해서 너무 크기 때문에 물질파의 파장이 측정 불가할 정도로 아주 짧다. 예를 들어, 시속 200 킬로미터로 움직이는 2.7그램의 탁구공의 경우, 드브로이 파장은 약 $4.4\times10^{-33}m$이다. 이 파장 값은 너무 작아서 현재의 기술로는 직접 관측할 수 없다. 그렇다고 해서 탁구공과 같이 거시적인 물체가 파동이 아니라는 얘기는 결코 아니다.

25 가보르는 '홀로그래피'의 발명에 대한 공로로 1971년 노벨 물리학상을 받았다.

26 홀로그래피에는 투과형과 반사형이 있다. 기준빔과 물체를 투과하여 나오는 빔 사이의 간섭무늬를 필름 위에 기록하는 홀로그래피를 투과형 홀로그래피라고 부르고, 기준빔과 물체에서 반사

하는 빔 사이의 간섭무늬를 기록하는 것을 반사형 홀로그래피라고 부른다.

27 지구가 자전하는 것처럼 전자와 같은 입자들도 회전 운동을 하며, 각운동량을 갖고 있다. 회전 방향에 따라서 위-스핀(spin-up)과 아래-스핀(spin-down)의 두 가지 스핀의 상태가 있다.

4장

1 광케이블(optical cable) 또는 광섬유 케이블이라고 부른다. 대부분의 광케이블은 땅속에 포설되어 있으나, 바닷속이나 공중에도 설치되어 있다. 바닷속에는 해저 광케이블이 설치되어 있고, 철탑에는 송전선로와 함께 광섬유 복합가공지선(OPGW)이 설치되어 있다.

2 광자들이 전자들보다 통신 케이블을 통해서 더 많은 정보를 더 멀리 보낼 수 있는 이유는 이들이 전송하는 메시지 신호들이 동축케이블보다 광케이블에서 손실과 왜곡이 적게 발생하기 때문이다. 예를 들어 보통 장거리 광통신용 케이블의 손실은 1dB/km 정도인데 비해서, 동축케이블(RG-19/U)의 손실은 100MHz 주파수에서 22.6dB/km이며 고주파수로 올라갈수록 손실이 급격하게 증가한다(Palais, Fiber Optic Communications, 2005).

3 무선(無線) 통신은 유선 케이블을 통하지 않고 공중을 통해서 전자파 신호나 광신호(optical signal)를 송신 및 수신하는 통신 방법이다.

4 손실의 크기는 주로 데시벨(dB)로 나타낸다. 만일 광신호의 크기

가 케이블 속에서 절반으로 줄어들면 그에 해당하는 손실의 크기는 -3dB가 된다.

5 10Gbps에 해당되는 전송속도이다. 이러한 전송속도는, 데이터를 나타내는 최소 단위인 비트, 즉 '0'이나 '1'을 초당 100억 개를 내보내는 속도를 말한다.

6 광 손실(optical loss)이 0.3dB/km인 광케이블을 뜻한다.

7 광통신 시스템에서 전송속도가 빠를수록 단위 시간 당 더 많은 비트를 내보내야 하기 때문에 더 많은 정보 전달자인 광자들이 필요하다.

5장

1 발광다이오드(LED)에서 튀어나오는 광자들이 '피터팬'에 나오는 '팅커벨'의 모습과 흡사하여 5장에서는 광자를 '요정'이라고 부르기로 한다.

2 결정에 열이 발생하면 결정을 구성하는 격자나 원자가 진동한다. 이러한 '격자 진동'은 결정 안에서 격자 파동을 만들고 전파된다. 이러한 '격자 진동'을 포논(phonon)이라고 부른다. 포논은 '열양자' 또는 '열진동'을 의미하기도 하며, '열양자'는 열에너지의 가장 낮은 단위를 일컫는 말이다.

3 결정의 결함에 의해서 금지대역 안에 깊숙이 새로 생기는 에너

지 준위를 '딥트랩층(deep trap level)'이라고 부른다.

4 오제결합(Auger recombination)은 전자와 정공의 재결합을 통해서 나오는 에너지가 광자 대신 다수의 포논을 방출시킴으로써 소모되기 때문에 LED의 발광효율을 떨어뜨린다. 고출력 LED에서 심하게 나타난다.

5 보통 강의실에서 사용하는 저출력 레이저 포인터의 출력은 0.1~1mW이다.

6 연색성은 조명이 물체의 색감에 영향을 미치는 현상이며, 빛의 색깔이 어떤 물체의 고유한 색에 가까울수록 연색성이 높다.

6장

1 중력장 안에 위치에너지가 존재하는 것처럼 전기장 안에도 전기적인 위치에너지가 있다. 전기적인 위치에너지의 차이를 전위차(전압)이라고 하며 전기에너지의 원동력이 된다.

2 태양전지는 p형 반도체와 n형 반도체를 접합하여 만든다. p형 반도체는 반도체에 불순물을 첨가하여 양이온을 띠는 정공이 여분으로 존재하도록 만든 반도체를 말하고, n형 반도체는 음이온을 띠는 여분의 전자가 남아 있도록 불순물을 주입시켜서 만든 반도체를 말한다. 일단 두 반도체를 접합시키면 p형 쪽의 정공들과 n형 쪽의 자유전자들이 접합 근처에서 확산되다가 재결합하여 자유전자와 정공이 거의 없는 공핍층(depletion layer)이 형성된다.

이때 접합 근처에는 불순물 원자 자리에 양이온(+)을 남겨놓고 n영역을 떠나는 전자에 의해서 (접합 근처의) n형 쪽은 '양극'을, 마찬가지로 음이온(-)을 남겨 놓고 p영역을 떠나는 정공에 의해서 p형 쪽은 '음극'을 띠는 내부 전압(built-in voltage) V_0 또는 내부 전계 ε가 반도체 내부에 발생한다. 따라서 외부에서 입사하는 '광자'에 의해서 생성되는 음전하인 '자유전자'는 〈그림 6.1〉 (a)처럼 '양극'에 끌려 n형 반도체 쪽으로 이동하고, 반대로 양전하인 '정공'은 '음극'에 끌려 p형 반도체 쪽으로 이동한다. 이렇게 '전자'와 '정공'이 분리된 후, 외부 회로를 통해서 서로 반대 방향으로 흘러가면서 전력(기전력, 또는 전류와 전압)이 발생하는데, 이것을 '광기전력 효과(photovoltaic effect)'라고 한다.

3 광자의 에너지가 $E(=hf) > E_g$이어야 광자에 의해서 〈그림 6.1〉 (b)와 같이 전자와 정공이 생성될 수 있다. 이 얘기는 주파수 $f = c/\lambda$이므로 입사하는 광자의 파장 λ가 충분히 짧아야, 즉 $\lambda \leq hc/E_g$이어야 한다는 것을 의미한다.

4 6.1절에서 설명한 것처럼 p형과 n형 반도체를 서로 접합하게 되면 접합면 근처에는 전류의 흐름에 기여할 자유전자도 정공도 모두 사라져서, 공핍층의 전도도(conductivity)는 낮아지고 저항은 높아진다. 또한 공핍층에는 퍼텐셜에너지, 즉 에너지 장벽이라고 불리는 내부 전압 V_0 또는 내부 전계 ε가 생긴다. 따라서 반도체 광다이오드에 〈그림 6.2〉 (a)와 같이 전압을 인가해 주면 공핍층에 더 큰 전기에너지(전계)가 걸리고, 따라서 외부에서 입사하는 광자에 의해서 생성되는 전자와 정공은 더 큰 힘으로 서로 반대 방향으로 이동하면서 '전류(광전류)'가 외부 회로를 통해서 흐르게 된다.

〈그림 6.2〉 (b)는 반도체에 입사하는 광자에 의해서 가전자대역에 있는 전자가 광자의 에너지를 받아 전도대역으로 이동하면서 자유전자와 정공이 생성되는 것을 보여주는 그림이다.

5 진성 반도체는 불순물 반도체인 p형이나 n형 반도체처럼 불순물이 도핑되어 있지 않은 순수한 반도체를 말한다. 이처럼 진성영역(intrinsic region)에는 불순물이 거의 없어서 불순물 반도체에 비해서 자유전자와 정공이 거의 없다.

6 한 쪽 방향으로 이동하던 전자 하나가 충분히 가속된 후에 원자와 충돌하면, 원자가 전자의 운동에너지를 받아 이온화되면서 전자와 정공 한 쌍이 발생한다. 그러면 1개의 전자가 충돌 이후에 발생한 전자 1개와 더해져서 총 2개의 전자들이 같은 방향으로 이동하게 되는 것이다.

7 APD에서 '전자사태'가 일어나기 위해서는 외부에서 충분히 높은 전압을 인가해야 한다. 이 전압은 저항이 아주 높은 공핍층에 강한 전계(ε)를 유발시킨다. 보통 '전자사태'가 일어나는 최소 전계, 즉 '문턱 전계(threshold field, εth)'는 $10^5\ V/cm$ 정도이다. 이 얘기는 경사도(기울기)가 높이 $10^5\ V$이고 밑면의 폭이 1cm인, 퍼텐셜 에너지 장벽의 기울기 정도는 되어야, 산비탈에서 발생하는 눈사태처럼, '전자사태'가 일어날 수 있다는 것을 의미한다. 만일 광다이오드에 걸리는 전압의 크기를 점점 더 증가시키면 어떠한 일이 벌어질까? 전자는 점점 더 큰 전계(ε〉εth)하에 있게 되고 따라서 더 큰 에너지를 받아서 더욱 가속될 것이다. 다시 말해서 장벽의 기울기가 더 커져서, 더 쉽게 '사태'가 일어날 것이다. 참고로 '문턱 전계'는 재질에 따라서 다르며 통신에 주로 사

용하는 APD 재질에는 실리콘, 게르마늄 외에도 InGaAs-InP가 있다.

8 이동하는 전자가 전계로부터 충분한 에너지(E_{KE})를 받아 원자와 충돌하면, 원자가 그 에너지를 얻어서 이온화 되는데, 이때 음전하인 자유전자와 양전하인 정공이 발생한다. 이러한 현상을 충돌 이온화(impact ionization)라고 부르며, 원자를 이온화시킬 수 있기 위해서는 전자의 운동에너지(E_{KE})가 적어도 에너지갭(E_g)보다 더 커야 한다. 그 이유는 가전자대역에 있는 전자가 에너지갭을 뛰어넘을 수 있어야 전도대역으로 이동하여 자유전자가 될 수 있기 때문이다.

9 이러한 전자사태를 '공룡사태'라고 부르면 어떨까?

7장

1 갈릴레오는 망원경을 통해서 밤중에 목성 주변을 관측한 결과, 목성의 위성들이 목성을 돌고 있다는 사실을 알았다. 이것으로부터 그는 모든 천체가 지구를 중심으로 돌고 있다는 천동설을 부정했다.

2 원래 에테르는 아리스토텔레스의 제 5원소에서 유래되었으나, 후에는 우주 공간에 가득 차 있는 가상적인 물질의 이름으로 쓰였다.

3 중력적색편이(gravitational red shift)는, 질량이 큰 물체에 생기는 중력

우물(gravitational well)에서 빛이 빠져 나올 때, 우물에서 멀수록 장파장 쪽으로 이동하는 현상이다. 이 현상은 1959년 미국에서 실험으로 확인된 바 있다.

4 아주 먼 곳에 있는 은하가 그 앞에 있는 다른 은하의 중력에 의해서 빛이 굴절되어 왜곡되어 보이는 현상을 중력렌즈(gravitational lens) 효과라고 부른다. 이 현상도 1979년 처음 관측된 이래 지금까지 천문학자들에 의해서 많이 관측되고 있다.

5 아인슈타인은 중력의 개념을 설명하기 위해서 중력이 없는 곳에 내부가 아주 넓어서 관측자가 안에 있을 수 있는 상자(엘리베이터)를 한 예로 들었다. 이 예에서 그는 우선 상자를 관측자와 함께 일정한 가속도로 위로 당긴다. 이때 상자의 가속도는 관성력 또는 반작용으로 관측자에게 가해진다. 따라서 관측자는 지구 위에 서 있는 것처럼 느낄 것이고 자신이 일정한 중력장에 있을지도 모른다고 생각할 것이라고 설명했다. 간단히 말해서 무중력 공간에서 $9.8m/s^2$로 가속하고 있는 우주선에 타고 있는 사람은 관성력에 의해서 지구 위에서 중력을 받고 있는 것처럼 느낀다는 것이다.

6 중력파를 처음 관측하는데 성공한 라이고(LIGO, Laser Interferometer Gravitational-Wave Observatory)에 대해서 간단히 소개하면 다음과 같다. '라이고'는 기본적으로 마이켈슨 간섭계 구조를 하고 있다. 초기 '라이고' 모델에서 성능이 여러 차례에 걸쳐서 개선된 '라이고'의 경우, 측정 감도를 높이기 위해서 각각의 경로(축의 길이)를 4km로 늘렸으며, 더욱 더 감도를 증폭시켜주기 위해서 경로 안에 '패브리-페로 공진기'를 내장시켰다. 〈피지컬 리뷰 레터, 2016〉에 따

르면, '패브리-페로 공진기'는 내부에서 빛을 두 거울 사이에서 왕복하게 함으로써 유효 경로를 늘리는 효과를 얻을 수 있었고, 감도를 300배 증폭시킬 수 있었다고 한다. 이 측정 장치에서 또 주목할 부분은, 라이고에 설치된 반사경들을 중력파 이외의 잡음으로부터 격리시키기 위해서 공중에 줄로 매달아 놓았다는 점이다.

7 전자들이 갈 수 있는 가장 낮은 에너지 준위 상태를 기저상태(ground state)라고 한다. 이 상태는 안정된 상태이기 때문에 전자가 외부에서 에너지를 받아서 높은 에너지 준위 상태로 잠깐 올라가 있더라도 다시 그 상태로 떨어진다.

8 음파의 파장이 짧아지면 고음으로 들리고 길어지면 저음으로 들린다.

8장

1 낮은 에너지 준위에 있는 전자가 에너지를 외부로부터 받으면 높은 에너지 준위로 올라간다. 이러한 상태는 불안한 상태이기 때문에 들뜬 상태(excited state)라고 부르며, 이러한 상태에 있는 전자를 '들뜬 전자'라고 한다. 이러한 전자는 잠시 들뜬 상태에 있다가 안정된 상태인 낮은 에너지 준위 상태로 돌아가면서 광자를 방출한다.

2 어떤 물체의 온도가 주변의 온도와 같은 상태, 즉 열평형 상태가 되면 열의 이동이 일어나지 않는다.

3 흑체에서 방출되는 단위 면적당 총 복사량(P_s)이 절대온도(T)의 네제곱에 비례한다는 법칙을 스테판의 법칙(Stefan's law)이라고 부른다. 스테판의 법칙을 수식으로 나타내면 $P_s = \sigma_s T^4$ 이며, 여기서 σ_s는 스테판 상수이다.

4 물체의 온도와 피크 파장과의 관계를 수식으로 나타내면 $\lambda_m \simeq 2898/T$와 같다. 이것을 빈의 변위 법칙(Wien's displacement law)이라고 한다. 따라서 물체의 온도가 절대온도 4000도일 때는 적색 광자(λ_m=724 μm)들이 가장 많이 방출되다가, 6000도가 되면 청색 광자(λ_m=483 μm)들이 가장 많이 방출된다.

5 가모프(George Gamow)는 러시아 출신 미국 과학자로서 1948년 대폭발 이론(빅뱅론)을 발표하였고 현재의 우주론을 체계화하는데 커다란 기여를 했다. 가모프는 여러 연구기관을 거쳐서 1956년에는 콜로라도 대학교로 자리를 옮겼는데, 그곳에서 1968년 8월 19일 그가 죽을 때까지 물리학과 교수로 지냈다. 참고로, 필자는 1980년대 초에 콜로라도 대학교에서 대학원을 다닐 때, 가모프 탑(Gamow Tower)이 있는 물리-천문학과 건물에서 양자역학, 고체물리학, 그리고 광학을 수강하였던 경험이 있다.

6 형광이 무엇인지에 대해서는 이미 5장에서 설명한 바 있다. 여기서도 녹색 형광 단백질의 분자들이 외부에서 자외선을 받아 '들뜬 상태'로 있다가, 안정된 상태로 다시 돌아가면서 받은 에너지 중에서 일부는 열이나 화학에너지로 소모되고 나머지는 녹색 빛으로 방출된다.

7 '유도 방출(stimulated emission)'을 통해서 나오는 광자들은 〈그림 8〉

(c)에서와 같이 입사하는 광자와 진행 방향도 같고 위상(phase)과 주파수도 서로 같기 때문에 동일한 광자의 수가 폭발적으로 늘어난다. 따라서 유도 방출이 주된 발광 메커니즘인 레이저는 '자발 방출(spontaneous emission)'에만 의존하는 LED에 비해서 빔의 세기가 훨씬 크다.

8 높은 에너지 준위 E_2 와 낮은 에너지 준위 E_1 에 해당되는 원자 밀도는 각각 N_2 와 N_1 이다.

9 에너지 준위의 차, $E_2 - E_1$ 에 해당하는 에너지를 갖는 광자가 레이저 매질에 입사하면 흡수와 방출이 동시에 일어날 수 있다.

10 이 책에 나오는 '광자사태'라는 용어는 독자들의 이해를 돕기 위해서 사용했으나 일반적으로 쓰이는 과학 용어는 아니다. '광자사태'와 거의 같은 개념으로 쓰이는 과학 용어로 '빛의 증폭(optical amplification)'이 있다.

11 레이저에서 방출되는 광자들은 서로 주파수, 파장, 색깔 그리고 진행 방향 등이 거의 같다.

12 주기적으로 반복되는 파형에서 어느 임의의 기준점에 대한 상대적인 위치를 말한다. 광자들의 위상이 서로 동일하다는 것은 〈그림 3.1〉 (a)처럼 호흡이 서로 맞기 때문에 합해졌을 때 더 큰 빛이 될 수 있다는 의미이다.

13 크롬 이온(Cr^{3+})이 포함된 루비 결정(Al_2O_3)을 플래쉬 램프에서 나오는 빛으로 펌핑하면 크롬 이온이 높은 에너지 준위로 들떠

있다가 낮은 에너지 준위로 떨어지면서 파장 0.69μm의 레이저 빛을 방출한다.

14 네오디뮴(Nd^{3+})이 첨가된 YAG(yttrium aluminate garnate) 결정을 반도체 레이저에서 나오는 빛으로 펌핑을 하면 Nd^{3+} 이온이 높은 에너지 준위에 있다가 떨어지면서 파장 1.06μm의 레이저 빛을 방출한다.

과학을 시(詩)로 말하다

빛의 양자 이야기: 광자의 탄생, 소멸 그리고 부활

초판 1쇄 찍음 | 2019년 09월 09일
초판 1쇄 펴냄 | 2019년 09월 16일

지은이 이시경
펴낸이 손영일
편집 손동민
삽화 유환석
표지 디자인 기민주

펴낸곳 전파과학사
주소 서울시 서대문구 증가로 18, 204호
등록 1956. 7. 23. 등록 제10-89호
전화 (02) 333-8877(8855)
FAX (02) 334-8092
홈페이지 www.s-wave.co.kr
E-mail chonpa2@hanmail.net
공식블로그 http://blog.naver.com/siencia

ISBN 978-89-7044-900-5 (03420)

*이 책은 저작권법에 따라 보호받는 저작물이므로 무단전재와 무단복제를 금지하며, 이 책 내용의 전부 또는 일부를 이용 하려면 반드시 저작권자와 전파과학사의 서면동의를 받아야 합니다.
*파본은 구입처에서 교환해 드립니다.
*정가는 커버에 표시되어 있습니다.

이 도서의 국립중앙도서관 출판예정도서목록(CIP)는 서지정보유통지원시스템 홈페이지(http://seoji.nl.go.kr)와 국가자료종합목록시스템(http://kolis-net.nl.go.kr)에서 이용하실 수 있습니다.
(CIP제어번호 : CIP2019034283)

이 도서는 한국출판문화산업진흥원의 '2019년 출판콘텐츠 창작 지원 사업'의 일환으로 국민체육진흥기금을 지원받아 제작되었습니다.